走出去創業

──台灣青年在中國大陸的創業故事

深圳市育山科技協會

林琦翔　　　主編

掌握機遇，開創人生

　　深圳市育山科技協會出版《走出去創業》一書，採訪了在大陸創業的年輕台商及台商二代，鼓勵臺灣年輕人來大陸創業，將他們的經驗分享給兩岸青年。很高興為《走出去創業》一書寫推薦序，希望他們的創業故事，可以讓想來大陸一試身手的年輕人參與借鑒。

　　【玉山科技協會】是1990年，在美國加州矽谷，由一群臺灣早期留美的創業家，如：李信麟、王大壯、徐大麟等，在莊以德博士的推動下，共同成立。主旨在協助華裔青年創業，提供一個有效的人才、資金、項目的"對接平臺"，讓有志創業的年輕人，可以學習、交流及分享經驗，共築美夢，是全球最早的華人創業公益平臺；目前【玉山科技】已是全球最大的"創新、創業、創業、創投"的四創合一平臺，包括美國12個城市，加拿大、臺灣、香港、深圳等16個玉（育）山區會，最近北京育山也在中關村的一些企業家支持下，開展籌備工作。

　　眾所周知，創業是一件相當艱辛的事，需要有獨特的技術，或是商業模式能整合一組志趣相同，能力互補的創業團隊；更需要籌募具附加價值的資金及具成功經

驗的創業導師來指導方向，分享經驗。深圳育山成立三年來，在李東生理事長的領導下，舉辦了不少創業相關的活動，包括成立"創業導師團隊"，舉辦不定期演講，舉辦"南山創業之星"，發掘明日之星，推動臺灣小玉山，美西玉山及深圳育山的交流互動……等，貢獻良多！

"大眾創業，萬眾創新"，已經成為中國大陸的國家戰略，雙創的風潮，正在全國各地風起雲湧，地方政府的配套措施，諸如資金的扶持，創業空間的免費提供，創業人才的引進、培育，更友善的投資及工作環境……等。均已日趨完善。

有志創業的青年，應及時掌握時代潮流，放棄小確幸，走出舒適圈，跨海創業，借助中國大陸廣大的市場，以客戶需求為導向，以"雲＋端＋服"的核心思維，在物聯網時代提供獨一無二的服務，找到全新的商業模式，開創自己亮麗的人生。

《走出去創業》是一本好書，講述了年輕人創業的故事，他將有志創業的年輕人參與學習。

曾憲章

全球玉山創辦人之一

曉龍基金會董事長

深圳市育山科技協會名譽會長

臺商升級的唯一途徑：創新

很多人以為我一直都是矽谷創投家。雖然我是矽谷橡子園（Acorn Campus）原始創辦人，但其實早期我也是最早到大陸發展的臺商之一。

說到臺商，我早在1987年就經由我投資的大朋電子進入深圳市區設立工廠。臺商在大陸全盛時期，我們公司在大陸與臺灣就有六所工廠，遍佈東莞，福建福清，上海昆山，蘇州吳江，臺北新店，以及泰國等地，加起來超過一萬多位員工。不過大部分工廠的管理，都是我的合作夥伴龔榮棕先生在篳路藍縷的經營著，我才得以全世界到處跑四處投資。

30年以後，不要說在全世界獨領風騷的矽谷不斷地在脫胎換骨劇烈變化，早期臺商們趨之若鶩的大陸市場與生產基地，更是壯烈的從我們以為可以是永久的製造基地變成非常不一樣的生態。這個時刻，臺灣本土的機會似乎飄渺虛無，而大陸臺商普遍的也面臨何去何從，下一步怎麼走？再來要做什麼的同樣問題與挑戰！

心中還以鴕鳥心態偏安的人，尤其是以為自己在大路上已經穩固與關係良好的事業家就想，還好啦！我們還過得去……以前不都是這樣走過來嗎？

　　但是面對現實的企業家，尤其是正在尋找出路的年輕人，就必須面對現實，為自己以及親人在如此不同的環境裏另外設法打出天下。

　　大陸的趨勢，從上到下一直擺的很明白，也講的很清楚。從十二五到十三五，越來越強調高附加價值的產業以及自主產業。這個大趨勢代表什麼？還不就是要你創新嗎？

　　雖然今天的天下還是郭臺銘硬體代工以及張忠謀晶圓代工兩人呼風喚雨的時代，但是勢很明顯的點出，對絕大多數的臺商來講，他們面臨的是這個現象：

　　晚近幾年，亞洲各地區認知了兩個殘酷事實：大量製造並非利潤的來源，而衹是在為有管道的他人作嫁衣裳，所以必須想新方法新點子。IT產業雖然不斷編造像"大數據"，"雲端"，"IoT"這些舊酒裝新瓶的題目，也帶來一些所謂專家趨之若鶩，但對亞洲產業結構升級其實不會有太大變化。世界版圖仍然是"有者恒有，沒有的還是沒有"。於是，大家都警覺到，再不玩點適合自己的新花樣，恐怕要與市場漸行漸遠了？

　　臺灣這幾年因為找不到合適的新題目來炒作，就忽然間瘋狂地鼓吹生物科技。領導們自我感覺良好，認為我們曾經在資訊業拿過天下第一，想當然爾我們也可以在生物科技或製藥拿下一些世界第一？其實除了醫療器材或許臺灣有一定的基礎以外，其他很大部分是否有過

多的一廂情願？面向愚民，炒作股票比較容易，真要創建出世界生物科技與醫療健康的骨幹事業標杆，可就大大困難了！

個人覺得，除了這些政府炒作的題目意外，臺商還有很多創新的機會，我續簽建議三大方向：

1. 站在現在的巨人肩上，繼續不斷改良創新。

譬如臺商半導體強，精密機器強，資訊產業強，和其他臺灣纍計數十年基礎比較根深蒂固的行業，你們就繼續站在這些既有基礎上不斷改進創新，繼續領先。這是需要硬碰硬的，因為全世界也都想搶這些餅，大陸新創事業更是蠢蠢欲動！

2. 學習歐美新創事業，選擇適合臺灣人才技術發展的來專注

臺商比較難以像百度或阿裡巴巴或騰訊，因為善於利用大陸政府築起的保護牆，而在一二十年內創造了偌大企業。但事實上，還哦於多的是歐美新創事業新模式新技術，都可以由臺商來發展。我投資國大陸排名第一的威寧健康，市值最高到達過五十億美元。他們就是在國內一步一腳印，篳路藍縷配合醫院與健康事業的需求而成長起來的。

3. 尋找臺灣原生資源，創造成臺灣原生力量

一定有人會說，這談何容易？但是不要忘記，有一個例子就告訴你，事情是人做成的。譬如鳳梨酥。從來

也沒聽說過政府如何引導鳳梨酥行業發展，但曾幾何時，鳳梨酥竟然自然地變成臺灣觀光的等號？變成何等龐大的產業鏈？

林富元

矽谷橡子園原始創辦人

前全球玉山科技協會總會長

讓老台商成為台灣年輕人
在大陸創業的後盾

　　大陸改革開放以來，台商登陸投資，為台資企業帶來機會，也促進大陸經濟成長。回顧1990年最早的台商協會的成立，北京台協及深圳台協都是以開展會員服務，溝通會員與政府，維護會員的合法權益。而台企聯在2007成立，雖然新經濟時代來臨，但宗旨在為服務台商、溝通政府與推動兩岸交流、和平發展，延續過去台商協會的一貫的理念。在傳統經濟下，各地台商協會發揮了很大的作用，協助台商協會的會員在大陸經濟發展上取得很大的成就。

　　然而大陸勞動力、土地成本不斷提高，台商很難再以轉移陣地尋求成本的降低，取得企業經營的收益。不注重產品研發的提升及經營模式的創新，隨著第一代經驗豐富台商年齡老去，企業將漸漸失去了競爭力。現在大陸需要的是的新一代的台商加入，新一代的台商就是有創新精神，敢投入新興行業，具備創業家精神的台商二代、三代，即便是一代台商的傳統企業注入新觀念、新技術一樣能脫胎換骨。然而回顧舊經濟傳統製造業的外銷訂單、低廉勞動成本與便宜土地三

個成功方程式確實已被新經濟時代的策略資金、商業模式與互聯網時代線上線下市場取代了，台商需要改變經營事業的思維與策略，讓自己的事業能在大陸永續發展。

以往是「太平盛世」，兩岸一家親，作為會長，任務多是接待賓客、出席會議，民進黨新政府上臺，兩岸關係投下重大變數，當雙邊政府遇到困境時，台企聯肯定要扮演溝通的橋樑，「角色一定比以往吃重」，本屆台企聯可說是在「歷史節點」上。

國際市場復甦緩慢，國內市場疲軟，整體經濟面差，台灣政黨輪替，兩岸關係如再發生動搖，台灣經濟將雪上加霜，如何為台商尋找新市場、新出路，成為當務之急。

最近在隨大陸海協會長陳德銘實地走訪大西南的「一帶一路」時，我看到其中就藏有不少商機，台商可以參與很多方面，例如物流，可以將台灣農特產品，銷往中國內地，商機非常可觀，台商不能像老牛般，只會低頭耕田，也要抬頭觀四方，隨時「發現新市場」，才能掌握經濟脈動。

我一直以「HTC」鼓勵台青幹部參與台商會活動，積極發揚台協會精神；為增加台灣青年在大陸就業機會，設有不少文化創新平臺與孵化基地，就等著這些人來大陸打天下。

　　台商會成員多是「LKK」，年紀約五、六十歲，極需世代交替，雖設有青年委員會，但功能還需擴大，希望年輕幹部多接觸會務，輸入新思維，台商會才能活潑有朝氣。

　　台商會一直秉著「HTC」精神，所謂「HTC」就是「Heart、Time、Cash」，中文就是「熱心、時間、金錢」，意思是要對台商會員的服務，一定要熱誠，公司再忙也要找出時間，不能以忙碌當藉口，對台商會奉獻要出錢出力。

　　在協助台灣人到大陸創業就學上，目前台企聯與台灣幾個基金會正洽談合作，組織台灣學生到大陸交流，鼓勵畢業後到大陸就業，未來還計畫設專屬網站，讓台灣年輕人提前認識大陸，做生涯規劃，也針對個人的問題，做諮詢答覆。

　　在李克強總理提出「大眾創業、萬眾創新」前，郭山輝會長在2013年倡議成立創新創業委員會，邀請外部的企業領袖、兩岸研究機構專家與關注台商發展政商前輩，為世世代代的台商在大陸經商，尋找可以解決的方案與服務。

　　身為台企聯會長，我歡迎廣大台灣青年來大陸施展抱負，搭建更好的平臺，協助赴大陸就業或創業的台灣青年，並讓老台商成為新一代台商與年輕工作者的後盾。大陸成本低廉的時代，也許新一代的台商錯過了，

但百年一遇大陸豐沛資金、市場機遇與商業模式創新，
卻正在進行中。

王屏生

台企聯會長

錫山集團董事長

台商的傳承與發展──接軌青年創業

　　回首1989年，我剛到東莞開拓商業版圖的情景，感慨萬千。過去的27年，我和台灣鄉親在東莞台協一同打拼，努力在「異地」打造一個如「故鄉」般的環境，如今東莞有「台商學校、台心醫院、台商大廈」等標地性的大型建設，更有多條著名的台灣小吃街，形塑出讓台灣人安居樂業的生活環境，安頓了浮雲遊子在外不安的心。這是我們第一批台商胼手胝足共同奮鬥出來的成果。

　　二十多年過去了，隨著科技發展，從事傳統製造業的台資企業，原先的發展優勢漸漸減少，如Intel總裁Andy Grove所說：「任何企業的歷史，起碼會有某個時間點，我們必須進行巨幅變革，才能升上另一個績效表現層級。錯過了這個時刻，我們便開始走下坡。然而，真正面臨的挑戰，在於能否同時進行短程與長程競爭。」此刻，台商在大陸正在處於轉型升級策略的時刻，許多我這輩的台商正在「接班交棒」，這項問題處理的良窳，將牽涉到台商未來能否在當地永續發展。

　　台商在這塊土地曾經發光發熱，創造了台灣的第二波經濟奇蹟，過去二十年在兩岸經貿交流上所作的貢獻

有目共睹，也一定會在兩岸交流史中有其歷史的定位。20多年後的今天，青年台商的傳承與發展，正是台商在大陸能否存續的重要關鍵時刻。

我所創辦的東莞台商子弟學校，自詡為培育「台商新世代」的搖籃，台灣地狹人稠，市場有限，台灣青年就業創業面臨很大的困局，但許多年輕人創業熱情依然十分高漲，大陸市場是台灣創業者的絕佳選擇。來大陸創業的台灣青年，首先要學會融入當地社會，用好當地提供的各種服務，有助於更快地取得創業的成功。

如果兩岸青年能協同創業，優勢互補，相信絕對能共同創造出世界級的大企業。我期許這批第二代的青年台商能夠發光發熱，也十分鼓勵年輕人創業，台商協會會做好橋樑的作用，為台灣創業青年整合更多的資源，幫助他們更好地創業創新。這批年輕人，是台商未來的希望，同時也將扮演兩岸之間重要的橋樑。

葉宏燈

筆者為東莞市台商投資企業協會第二、三屆會長

東莞台商子弟學校創辦人、董事長

創業莫忘初衷　築夢踏實

　　創業是人生中無法缺少的一項目標！

　　創業創新的號召始於2013年10月大陸國務院常務會議中宣示「調動社會資本力量，促進小微企業特別是創新型企業成長，帶動就業，推動新興生產力發展」，2014年9月夏季達沃斯論壇開幕典禮，李克強總理也提出，要借改革創新的「東風」，在960萬平方公里土地上掀起「大眾創業」、「草根創業」的浪潮，形成「萬眾創新」、「人人創新」的新態勢。

　　當「大眾創業、萬眾創新」成為中國大陸的戰略之後，在全國各地掀起了一股創業創新的風潮。從中央到地方政府陸續出臺一系列優惠政策支持創業創新，深圳和東莞是大陸改革開放的發源地，也是台商聚集最多的地區，一向扮演經濟活動的領頭羊角色，而創業畢竟不是老年人的玩意，而是年青人的舞臺，深圳和東莞人口相當密集、生活水準高、教育水準高、人才齊備、消費能力強，經濟和金融活動指數是大陸翹楚，GDP產值更是大陸首屈一指，是年輕人創新創業最好的基地環境，更是許多台灣年青人嶄露頭角的發源地。

　　本書所介紹的創業案例，創業的年輕人呈現出來的

都是滿懷毅力、堅持到底永不放棄的精神，除了經驗的分享以外，還包括創業工作環境和人才、趨勢的掌握，的確是創業的最主要元素，每個創業故事背後都是感人辛酸的電影劇本，雖然本書的創業者不是大型或獨角獸企業，不全然是創新的經濟活動，卻都是經濟活動的創新或改進，不論商業模式或型態，都是現有的經濟活動的改造與新元素的加入，提升原有經濟活動的品質與深度，有的行業運用到電商、物聯網+ 的時下概念，來增加拓展與行銷管道，與消費者產生很好的互動，都非常值得年青朋友細細品味與學習。

本書介紹的創業案例，分享了許多經驗，讓我們看到UNITEDSKY COFFEE張清珊小姐專注提升咖啡品味的執著；「環球日用品」賴昕祐走過逆境、渡過低潮，成功因應變局的韌性；庫存交易平臺「清衣城」陳行彥結合中國電子商務發展趨勢，以「微電商」行銷的靈活商業手法；「901」陳怡廷集結眾人資源，打造平臺育成孵化器、加速器，營造年輕人創業夢工廠的遠見；「樂遊遊」薛楷仁以「手機上的台灣」創新手法，行銷「人生就是一場尋找愛與被愛感覺的旅行」概念；「AU79」黃金地的李彥樺打造輕鬆品茗的差異化市場，提升優質茶文化層次的新思維。

另外，「來龍唐裝」陳春龍專注於推動名匠巧工的品牌策略與行銷通路，將傳統唐裝走向國際化；梁維任

面對「紅色供應鏈」狼文化的千錘百鍊，以創新精神迎接新挑戰；李經康創新打造自拍機器人，將「小綠草」走向全新的智慧科技經營概念；「凱薩文化」許逸平關注細節追求模型市場的霸主，為袖珍兵人由廣大玩家創造與眾不同的珍貴世界賞玩樂趣；「太極虎」林柏偉營造優質線上平臺提供上門推拿服務，將傳統產業結合數位科技2O2接軌的打拚精神也值得我們分享。

根據非正式的統計資料，十個創業的人當中可能只有一個人成功，每一個創業者都懷抱了一個夢想，都希望有一天能夠夢想成真，我們也希望創業者能夠築夢踏實，成就一番事業，在人生旅程上留下美好的回憶，作為教育下一代子女最好的教材。

但是，在許多案例的介紹下，我們還是必須點出問題的核心，畢竟創業是艱難的、辛苦的、沒日沒夜的，會影響到家庭、生活和婚姻，尤其是本書介紹的都是台灣年輕人的異鄉的創業經驗，尤其難能可貴，我們知道成功畢竟是少數人，即使有也可能是一時的，也有可能失敗的一天，而整個創業過程和心路歷程更是顛頗不安、起起伏伏的，最大的慰藉可能來自創業成功一剎那間的感受！

從創業的那一刻起，代表的訊息是每天工作時間由8小時改變為24小時，睡眠的時間減少，家庭時間被壓縮，婚姻的關係變緊張，親子的活動減少，沒有了運

動及交友的時間,書本的知識派不上場,個人的財產與創業成敗緊密相連,甚至要放棄本身原來優渥舒適圈的工作環境,所以,一個人要犧牲這麼多的大部分人生元素只為成就另一件大事,這是何等艱困的決定啊!

儘管如此,創新創業的想法仍是相當吸引人的!人生最可貴的價值就是把內心想要完成的一件事實實在在的做出來,套句現在流行的話「做好做滿」!在人生的選擇當中,創業也是少數您可以自由決定的,創業成功又是人生相當有意義的一件事。

最後,只想提醒創新創業者想要創業,必先有所準備,準備就緒,那就大幹一場吧!不論失敗或成功,只要您莫忘初衷,相信都是人生美好的經驗!

駱秉寬博士
華軒國際顧問(股)公司執行長
台灣玉山科技協會理事

攜手共進　譜寫兩岸新樂章

1994年，我到上海去工作，擔任一家外商投資銀行中國大陸總經理的職務，之前我已經在台灣另一家公司做了7年。據獵人頭公司說，我獲聘的理由是中文流利（那時香港人還不會講普通話）、有外商部門主管的資歷，而且對方找不到合適的中國大陸背景人才。

那是一個台灣人仍然在某些領域有相對優勢的時代，當時許多外商公司的中國區主管都是香港、新加坡或台灣籍人士。這個時代早已離我們遠去，今天大陸外商公司主管大部分都是本國人，而且中國大陸民營企業崛起，表現更勝於外商，麥當勞、肯德基、蘋果近年業績都衰退下滑。

20年前，台商大舉前往中國投資，絕大多數為製造業，利用大陸廉價勞工所帶來的人口紅利，主要集中在深圳東莞。曾有一段時間，台商享受到地方招商的優渥待遇，成為令人欽羨的對象。20年後的今天，許多台商卻大舉撤出中國大陸，非但往日勞動人口的優勢不再，而且大陸已經成為一個高端的市場，「世界工廠」變成「世界市場」，新興的大陸民企對台商形成龐大競爭壓力，同時電子商務徹底改變了遊戲規則，傳統的台商連

生存都有困難。

　　正因為如此，深圳育山科技協會在此時出版「走出去創業-台灣青年在中國大陸的創業故事」特別有其非凡的意義。地點是20多年傳統台商發跡的大本營，但是場景改變了，故事發展情節不一樣了。今天，我們看到新一批的台灣同胞，大部分是年輕人，懷抱著希望和憧憬，前往"新大陸"探險。和他們前輩不同的是，其所從事的行業大多為服務及高科技，有些是學歷良好的企業家第二代，部分人甚至自行創業。他們的優勢不再是「勞力」，更多是「腦力」和「創意」。透過這本小書，我們得以認識新一代台灣菁英正在打造的海峽新願景。

　　新一代的創業家有他們獨特的想法，並不只是莽撞憑著一股熱情就跑去創業。以自拍機器人小綠草公司的創辦人李經康為例，他提出學習能力即是競爭力，應慢慢來勿著急地想要一步到位，以及優先找到適合小眾的「獨佔」。環球日用品總經理賴昕祐提到「抱持最好的希望，做最好的規劃」。901兩岸者創聯盟陳怡廷更進一步，成為一個平臺式的資源整合者，協助兩岸年輕人創業，打造創業的夢工廠。

　　近期兩岸關係由於九二共識爭議，正逐漸進入冰河期，但讀了這些年輕創業家的故事，我的心中不禁湧現一股暖流和希望。年輕人是兩岸共同的期許，中國大陸

在太陽花事件之後，已體認到台灣社會結構的改變，特別重視「三中一青」，全國各地台灣青年創業基地風起雲湧，帶動新一波台灣人前進大陸的熱潮。這是台灣難得的關鍵機遇，兩岸未來應放下政治、專注經濟、優勢互補、共創雙贏，一起走到世界的前面，共譜兩岸的新樂章。

黃齊元

藍濤亞洲　總裁

台灣併購與私募股權協會　創會理事長

台灣玉山科技協會理事

創新台灣　創業大陸　征戰全球
台灣青年創業的新契機

2016年才剛過一半，全球黑天鵝亂飛，英國脫歐弄假成真搞亂了全世界經濟，美國川普虎視眈眈的席捲美國政壇，問鼎總統大位，為世界經濟埋下層層地雷。回首東南亞，緬甸翁山蘇姬確定掌權，全球投資者蜂湧而至，但執政百日，挑戰卻更形嚴峻，甚至印尼的排華隱憂，泰國的政變陰影等等，都加深了諸多的不確定因素！面對台灣的新南向政策，面對新的區域經濟型態，諸如『區域全面經濟夥伴協定RECP』，跨太平洋戰略經濟夥伴關係協議（TPP），中國大陸縱橫歐亞的一帶一路新政策，輔以亞洲基礎建設投資銀行的資源，未來20年絕對是經濟重組，風起雲湧，也是創新科技、創新思維前進挑戰的目標，新創企業生存之道，唯有創新。

據台灣非正式統計，台灣長期有將近200萬台商忙碌於大陸各地經商，老一輩率先投入大陸經商的先鋒逐漸隱退，新一輪企業家二代或創新企業家接棒奮鬥，但是現在大陸已經不是當初經濟剛起飛，工資便宜、法令寬鬆的時代，在工資高漲，資金充沛，國民所得日益提高，法令開始嚴厲的大陸環境，年輕新創企業家如何善

用這些資源？

深圳市育山科技協會針對台灣年輕人在大陸的第二波創業熱潮，集結出版了一本台灣年輕人在大陸創業的過程，取名『走出去創業－台灣青年在中國大陸的創業故事』，雖然白手起家創業或是職場新手比例較少，但在有資金基礎及經驗基礎的模式下，創業成功的機會也相對比較高。故事基本上都是在廣州、深圳、東莞的環境下進行，雖然不足以當大陸全境模式的創業參考，但也有非常足當示範的代表，希望此書的出版，能達到拋磚引玉的效果，帶動台灣新一波赴大陸的創業熱潮，尤其是物聯網技術，分散式能源，能源資通訊等的新一代節能減碳及民生相關的創業。

大陸及台灣近年來積極鼓勵創新創業，呼籲全民響應"大眾創業、萬眾創新"的號召，依託全國科協組織、科技團體、科研院所和科技人員的優勢，集聚和整合專案、技術、資金、人才、資訊等創新創業要素進行創業的鼓勵及推廣，尤其一波波針對兩岸四地的創業競賽遍地開花，補助豐厚，是台灣創業人才不可忽視的一個龐大資源。創新競賽是引領發展的第一動力。

台灣玉山科技協會理事長王伯元上任以來積極推動創新、創意、創業、創投四創合一新觀念，以創新為基礎、以創意為發想、以創業為行動、以創投為支柱，共同支撐起目前兩岸互利互信的創業熱潮，台灣及廣東是

創新創業沃土、高雄及深圳是兩岸科技創新重鎮，台灣應該以本身的優良商業基礎條件、高科技的發展環境，鼓勵創新，輔導創業，張開懷抱，歡迎更多的創新創業團隊、科技創新企業和人才到高雄發展，連結深圳，前進大陸。

　　身為早期投資大陸的台商之一，對於有意競逐大陸龐大市場的青年朋友創業家，在技術及市場之外，規矩也要多聽，法規也要多問，認真的投注事業上，必定有一番不凡的成就發展。

楊明坤

節能屋能源科技股份有限公司　董事長

台灣玉山科技協會　監事暨兩岸交流委員會　主委

跨海創業需要放棄小確幸走出舒適圈

　　台商到大陸的發展，在80及90年代，大多從事製造業，在台灣接單，利用大陸低成本"世界工廠"的製造優勢，外銷全球；新世紀的這十幾年，因歐美市場的經濟遲緩，國際需求下降，大陸的低成本優勢也慢慢消失，在相對較高的經濟成長及境內需求下，大陸的角色扮演轉換成"世界市場"，台商也試圖從單純的製造，擴充到針對大陸市場的自有品牌及管道經營。以前的生產──出口模式，確實對台商的全球擴充貢獻甚巨，台商搭上了大陸高速增長的列車，完成了公司發展、房地產（廠房）投資及個人財富的積累，但從OEM/ODM到OBM的轉折，就不是那麼順利了，一方面，大陸本土的廠商也走著同一條發展的路徑，台商面臨兩方面的夾擊，後有"紅色供應鏈"侵蝕製造本業，另因缺乏品牌運營的DNA與"在地優勢"，自創品牌推展得並不順利。

　　台商在大陸的新一波熱潮，是否可能由年輕人接棒？"走出去創業──台灣青年在中國大陸的創業故事"一書，試著提供一些答案。本書收納了台灣青年在大陸創業的故事，因是深圳育山科技協會出版的第一本

書，報導的全部是台青們在東莞、深圳、廣州的創業故事，有比較大的比例是台商二代，在父執輩的製造業基礎上尋求創新或獨立創業，也有先在台灣或美國創辦，調整業務模式並經市場驗證以後，才跨海到大陸發展；創業者基本上都有相當的就業經歷，本身是連續創業者或資深的企業經理人，基本上沒有職場新手；而在業務模式上，硬體／產品與生活／整合服務，基本各半。

這一代的台灣年輕人，在相對富足安逸的生活環境下長大，跟4、5、6年級生的成長背景很不相同，當年"一卡皮箱跑天下"，也可能憑著一句英文 "You give me sample, I make it cheaper" 就闖蕩各地接單，那個時代離鄉出國深造的風氣鼎盛，也有很多中小企業主為生存、為成功而艱苦創業。相對而言，目前年輕朋友們比較關心"小確幸"，就如本書幾位創業者建議的，跨海創業需要勇敢的離開舒適圈，果斷的接受創業過程的煎熬與不確定性。

台灣有不錯的產業基礎和創業環境，可作為大華人區的創業基地，先在台優化模式，再到大陸擴展市場。但大陸有它獨特的法律政策、行業規範、技術標準及商業競爭等等，在大陸的經濟活動，也受到較大的法律、法規和行政幹預的影響，"Know-who" 與 "Know-how" 有時同等重要。跨海創業，雖是同文同種，但營商環境大不相同，應有重新創業的決心，在業務模式及

收費機制上，也需要進行比較大的"本土化"調整，而
"本土化"也應該包括創業及高管團隊，但兩岸團隊的
磨合會是一大挑戰；另在股權運作上，應考慮優化股東
結構，尋求在大陸有本土運作基礎及可帶入增值服務的
VC投資

　　祝福在創業路上的台青朋友們。

陳友忠

智基創投　創始合夥人

"中國智造"，青年臺商鍛造臺商新面孔

「大眾創新，萬眾創業」，一場從「中國製造」到「中國智造」轉型升級的全民盛宴大幕已經開啟，實現從製造業大國到製造業強國轉變的必經之路，同時也是一條荊棘滿布之路，機遇與挑戰並存。對於深處海峽對岸的臺灣青年來說，是機遇也是挑戰。

拜讀完《走出去創業──臺灣青年在中國大陸創業故事》一書書稿，眼前呈現的是一個個背起行囊走出去的青春，有：任何階段都在學習的高年級實習生──小綠草股份有限公司創辦人李經康；衣架起家──環球日用品總經理賴昕右；小小空姐的環遊世界咖啡奇幻之旅──UNITEDSKYCOFFEE創辦人張清珊；袖珍兵人轉型虛擬現實模型──凱薩文化總經理許逸平；傳承與變革──來龍唐裝創辦人陳春龍的創業故事；互聯網健身，上門服務，現代O2O創業背後的打拼故事──太極虎創始人林柏偉；人生就是一場學習愛與被愛的旅行──樂遊遊創辦人薛凱仁；都市叢林中的品茗聞香──Au79黃金地負責人李彥樺；禪簡生活創藝佛堂──臺灣佛教文創第一品牌─盛凡實業總經理許嘉豪；紅色

供應鏈下的「千錘百鍊」——秀育企業行銷部梁維任；杯內致勝點，打造咖啡全感體驗——翹鼻子咖啡創辦人吳森勝；法學博士的甜甜圈事業——「臺北天母甜甜圈」創辦人林璟均；大陸再創業——勇敢走出去的臺灣傑出設計師姚舜望；臺商二代打造創業夢工廠——901兩岸青創聯盟召集人陳怡廷。

他們中絕大多數都曾經在各自的領域成為精英或頗有成就，如今他們因為種種原因，走出臺灣，踏上了創業之路。因為他們堅信：老天要摧毀一個人最簡單的方式不是給他痛苦的環境，而是讓他有著還不錯的環境與天分，讓人自滿。而改變是困難的，但只要勇敢踏出第一步嘗試未知的領域，就能擁抱改變後的廣闊新局面。

但成功的路上往往是孤獨的，面對創業過程的艱辛，不僅要有頑強的意志，更要有執著的精神，同時還要有平和的心態、真誠的力量。

年輕創業者是城市未來的希望，青年臺商更是臺商的繼承和發揚者，面對臺灣人在外向心力不足，凝聚力不夠，無法發揮團結之力的劣勢，期許起步於東莞901的兩岸青創聯盟能夠成為東莞和臺灣創業的種子，把好的創意變成好的生意。

仔細品味他們的創業之路，每一個故事背後，都是一段人生與事業的感悟。同樣在為臺商和臺海兩岸青年交流與創業提供服務平臺的新光資產，正在整合臺海兩

岸資源，在北京、西安、廣州積極打造三地臺商總部基地，冀望與東莞901兩岸青創聯盟共創更多的合作機會，共同營造三地臺商創業與生活＋空間，為落戶其中的臺商提供更全面的資源支援。

方彥欽

新光資產董事總經理

大眾創業、萬眾創新的靈魂
——堅持與自我變革

　　李克強總理提出「大眾創業、萬眾創新」，是南山"創業之星"大賽一直秉承的一種理念，在2016年創新南山"創業之星"大賽中，臺灣分賽場由深圳市育山科技協會承辦，並將協助合作夥伴連城生活、思維特優承辦深圳本地智慧硬體與文化創意分賽場。

　　身為南山"創業之星"大賽決賽的評委，在2015屆大賽中我被大會指定擔任深圳市小綠草股份有限公司的創業導師因而有機會接觸更多臺灣來大陸的創業項目，我想談談什麼是「大眾創業、萬眾創新」的靈魂。這個也是我自己的感觸，對於大眾創業來講，它的靈魂就是兩個字——堅持，創業從來就是一個堅持的事；對於萬眾創新的靈魂是什麼？我覺得是改變，改變自我。

　　我先講改變。奧巴馬就一直講改變，要改變的是什麼？對於我們來說最重要的一件事就是改變自我。我從兩個緯度來講改變自我。

　　首先，是政府的自我改變，我相信在大陸政府還是一個大政府，政府變好，下決心想做的事情，沒有做不成的，這一點大家要堅信，所以政府的轉變是一個非常

好的基礎。

其次，是企業的改變，革命的先行者孫中山先生講過：「革命有三類人，先知先覺的，不知不覺的，還有後知後覺的。」我非常的希望企業是先知先覺的，企業家一定要開闊眼界，開闊心胸，然後要改變自我。

對於我們的企業家要走出去，要跟著政府走出去，要跟資本市場多多接觸。資本有一萬種不好，但是資本有一種好，資本見得太多了，資本對產業的瞭解是超出你們想像的。你去問你的競爭對手，他會告訴他的商業秘密嗎？不會吧，但是他會告訴資本，因為他要找我拿錢，所以做資本的人至少都不會太傻，又愛學習，然後又見過同一個行業裡面最頂端的團隊來講同一個產業，所以資本站得高，所以看得更全面，對產業的把握有跟你們做實業不同的視角。有時候做技術研發並不是靠埋頭苦幹，而是說你要找到更好的路徑，要去瞭解這個行業新的變化，新的機會。

《易經》裡面「苟日新，日日新，又日新」每一天都是新的，習總書記最新的講話也特別講到「如果不能識變，不能應變，不能巧變，那麼我們照樣要陷入被動，我們也有可能錯過整個時代。」我們的高層對這個問題的認識是非常非常清醒的。反倒是我們這些企業家們，我們大陸擁有那麼好的技術儲備的企業家有一點無動於衷，我們都替你們著急，那麼好的技術，如果你們

再不用，你們可能連用的機會都沒有了，因為新的革命會把這些企業全部都改變。

什麼是堅持？創業從來不是一個很快樂的事情，很愉快的事情。很多年輕人跟我們講要快樂地創業，每天都要牛奶、咖啡，我每天都要很愉快，對不起你是打工的。創業應該是什麼樣的心態？創業的靈魂就是堅持，一往無前的堅持，能夠破釜沉舟地堅持。

創業者要有敏感性，對於企業家來講也要有這種熱情飽滿的精神投入到創業過程當中來，就是每一天除了做技術研發之外，我們要拿出更多的精力來關注行業、關注產業，關注最新的技術進展，關注資本市場的動態。因為資本就是在國民經濟食物鏈的最頂端，它能夠看到下面所有的一切，這是它的好處，它有一萬個不好，它有這個好，所以多跟資本交流，你們可以獲得全新的視角上的改變，這個是我希望各位企業家能夠吸取的，

最後，我還是想再講一次「大眾創業 萬眾創新」的靈魂究竟是什麼？我感受到大眾創業的靈魂就是堅持，萬眾創新的靈魂就是改變，改變自我從現在開始。

孫昕

深圳海量資本管理有限公司合夥人

深圳市南山區政府十大創業導師

熱血台創的時代

不想被時代遺忘？不想成為悲催的台勞？那麼選擇成為踏上征途的熱血台創，如何？

受邀為本書寫序是偶然的事，雖然留給我的時間有限，仍欣然接受此光榮任務，因為隱隱覺得這不僅是一篇序文，也希望透過這段文字，替自己在大陸這9年餘的日子，為台灣年輕人啟動一個不一樣的起點。

為何要用「熱血台創」來稱呼到大陸創業的台灣創業青年？幾乎只要參加過北京、上海、杭州或深圳創業活動的人都同意一件事：大陸的創業熱潮不僅熱烈，而且是過熱！若沒有熱血，在大陸根本沒有自己一席之地。

舉杭州市為例，根據「微鏈APP」統計，2015年全市共舉辦了超過1600場創業路演（road show）活動，每場路演平均有6家創業公司參與，等於杭州一地即有近萬家創業者在努力地向投資人爭取資金和創業資源！這只是9百萬常住人口杭州的情況，轉身再看向另三個大陸超大型創業城市：北京／上海／深圳，更無法想像創業公司風起雲湧的驚人勢頭。

富夢網科技服務公司，是鴻海集團在2014年5月特別為推動「三創計畫」（創意，創新，創業）而設置的全新

組織，是一個合作的橋樑，跨海峽兩岸替年輕人輸送鴻海／富士康集團內部龐大技術和資源，二年下來，收到和看過的創業夢想計畫已超過1500項，新創公司的創業計畫書（business plan）及路演，也早已超過900家公司，對兩岸年輕人的創業準備及格局，確實有不少比較機會。

坦率地講，台灣整體社會的創業氛圍及對冒險的鼓勵，遠不如大陸政府，小確幸式的創業模式，遍佈整個台灣社會：開間有文化特色咖啡店雖然也算創業，但同樣題目放在大陸，就會變成「開100家連鎖創業咖啡館」，例如這二年才快速崛起的3W創業咖啡，或是變成「比STARTBUCKS更牛的全球連鎖消費型咖啡企業」。大陸這群不到30歲即出類拔萃的創業者，也依靠巨大夢想及執行力，成為眾人追隨的創業菁英。台灣呢？

回想自己在台灣創業的90年代，或是父執輩創業的70年代，過去幾代台灣青年也能以全球市場為目標，紮根不同語言文化的消費市場為野心，雖然以貿易及品牌代工為主，但是把創業項目做強做大的狼性，昔日的台灣創業青年，一點也不輸給今日的大陸年輕人。不去怪台灣超100%錄取率的失敗大學教育，也不應去怨早已失去理想和狼性的台灣藍綠政府，台灣年輕人的未來，其實在自己手上！

只要往海峽對岸跨過去，龐大的大陸市場，已擁有狹義的二億中產階級，以及廣義上超過四億人口的富裕

階層，2015年中國人均住房面積23.7平米，四口之家若是住宅房價一萬人民幣，都是超過百萬人民幣資產的小富居民，他們追求更美好生活，希望享用歐美城市居民一樣品質產品，看著2014-2016年成長超過30%的大陸電影票房及境外旅遊，這一切都明白告訴台灣創業者：真正最大市場就在家門口。

這也是為何全球企業都到中國來尋找成長機會，創業公司只要在大陸取得準上市資格，幾乎也都具備在美國股市公開發行的強大競爭力！

忘掉小確幸，燃起只屬於30歲的重覆失敗權利，像父執輩征戰全球貿易市場一樣，勇敢到大陸來創業，這裡不僅有全球最大單一市場和財富，也有著成為未來全球領軍人物的機會，而2015-2016年大陸各地方政府政策上的支持，更是我所見過力度最大和最誇張的時期，讀完這本書中的故事，其實他們的成功不能讓你再複製一次，但他們的失敗經驗，肯定可以讓你少走不少彎路。

育山協會、富夢網與智慧谷共同推動的《育富硬創》加速器，結合阿里雲、清華啓迪K棧，將延續杭州《淘富成真》經驗，願意繼續替台灣的智慧硬體創業年輕人，搭橋和提供支援。來吧，做一個大膽的熱血台創！

周正浩

鴻海集團　富夢網科技服務公司

CONTENTS　目次

任何階段都在學習的

高年級實習生——

小綠草股份有限公司

創辦人　李經康

撰寫人：趙柏宇、侯俐瑄

老天要摧毀一個人的方式有很多種
但最簡單的一種是讓他以為自己有天分

Fiedora　　Genie　　UFO

您的個人攝影師，捕捉生動時刻
Your personal photographer，Capture the vivid moment

「無法抑制的Selfie Addict」

（翻攝推特）

　　2013年牛津年度風雲字：**Selfie自拍**，重新詮釋因
為智能手機上市以及前後置鏡頭科技不斷提升所代表的
現代人生活態度；2014年，美國知名脫口秀主持人艾倫
狄珍妮在全球電影圈年度盛事奧斯卡頒獎典禮利用手機
與眾多明星自拍成為歷來社群軟體推特的最高轉推紀
錄，也為幕後手機贊助廠商大大打了廣告知名度，2015
年，台灣金曲獎得主饒舌歌手葛仲珊也針對台灣日益鼎
盛的自拍風潮寫下了歌曲〈自拍〉，再再證明了現代
人對於社群軟體與照片的需求。回顧Feature Phone（功
能型手機）時代，半強迫的將鏡頭功能內建在行動電話
上，快速帶動市場隨身鏡頭功能。但當時鑲嵌的鏡頭與

攝影品質,以及通訊網路應用環節等問題,不少人士認為只是「for fun」,不認為手機相機會取代甚至壓迫到數位相機。但隨著智慧手機一路發展,除螢幕尺寸逐漸變大,最明顯的設計重點就是一路升級攝影鏡頭規格,加值攝影功能為產品重要訴求。手機APP市場上,從來不乏影像編輯與相片美肌等APP,加上社群交流APP的高頻度使用,助長隨身攝影與自拍流行應用的水漲船高。當今「自拍攝影活動」、「隨身攝影應用」已是席捲海內外男女老少的智慧生活重要應用項目,也是網路交流互動內容中,占比大量且引人入勝的種類。

　　隨身攝影應用與自拍攝影活動是跟隨智慧裝置的興起及網路社群應用的熱絡,共同造就出來的「新興應用」與「內容互動」。近年興起的「自拍神器」,顯示出鏡頭應用正被擴大與被需求,許多民眾欲利用隨身鏡頭功能,求取更多自我表現,以及變化自我創作來增進互動交流。對於六年級前段班的李經康而言,當初絕對不會想到這項看似80或90後年輕人的玩意兒會是他在大陸創業的試金石,我們要看的是小綠草股份有限公司創辦人李經康的故事。

「經康中興,從地攤的賣包包開啟的不凡商場人生」

　　李經康,台灣人,小時候家中因房地產致富,但隨著台灣面臨80年代後期的金融風暴,從小貴為少爺的李

經康也面臨到所有富二代最害怕的夢魘：家道中落。面臨轉變，李經康並沒有退縮，反而激勵他不服輸的鬥志，從高中開始半工半讀擺地攤，第一天因為害羞又躲警察，業績掛零。兩個月後，平均每天賣出200個腰包。除了讀高中、擺地攤外，李經康還選擇了堅苦的拳擊運動，於18歲克服先天氣喘病，榮獲全台灣中正杯羽量級拳擊冠軍，並獲選為1988漢城精奧運精選嚴訓選手，這樣的成長經驗塑造李經康成熟且圓滑的商場性格，並因為父親曾經營房地產的影響正式於1990年代投入房仲銷售業，從最基層業務員做起，短短半年便以亮麗的業績與成熟的人際手腕擔任該公司的業務副總經理，開啟了李經康不平凡的商場人生。

在打拼事業之餘，李經康也沒有將他平常熱愛的興趣擱置一旁，同步開始累積自己的文字作品與音樂作品實力，對他來說經歷過年少的家道中落，他的性格中累積了危機意識的DNA，永遠不以現狀自滿，因為他知道**老天要摧毀一個人最簡單的方式不是給他痛苦的環境，而是讓他有著還不錯的環境與天分，讓人自滿。**因此他透過不斷的寫作將銷售實務經驗出版，自1993年便不斷在商業業務領域的書籍出版盤據熱銷排行榜，對李經康來說，近代的商業模式是一門高深的學問，因為包含到人的行為思考模式，是無法完美進行系統分化的，透過的只有不斷的經驗累積，讓人洞燭先機，商業行為

是一門開價與議價的談判藝術。

「而立之年，再度遇到人生抉擇」

　　原本以為將一帆風順度過房產銷售人生的李經康，卻在傳統認為的三十而立的歲月接解觸網路通訊大樓專線上網通訊工程建置，遂成立ISP，但沒想到老天卻又再次對李經康開了一個大玩笑，新成立的公司因為未能完整ISP市場脈絡，短短一年便將原先投資的資本額燒光宣告倒閉。面對如此大的衝擊也並未擊倒李經康，他重新審視自我，在34歲經驗歸零重新接觸網際網路軟體，進入黑快馬股份有限公司，放下身段再度從業務員基層開始從頭做起，對李經康來說在當時投資的失利並沒有讓他氣餒，當作只是又一次的商場經驗累積，同時他也體認到隨著資訊科技的進步，未來的市場將會立足於網際網路，實體消費與虛擬消費將會有的本質上的逆轉，商業行銷的模式也會逆轉。他始終保持正面思考，相信老天爺算關了一扇門也會幫他開啟另一扇窗，自此，李經康便投入了互聯網的世界。

　　2000年，雖然碰上全球網路泡沫化風暴與面對投資人不信任網路產業而全數輟資的情況，但新成立的董事會於2002年看中李經康的過往經驗再度邀請他任職專業總經理進行企業重整。李經康提出年度計劃成長辦法，使當年度績效較前一年成長580%。透過這個機會李經

康完整接觸了網路軟體開發及網際網路產業。

　　『學習力改變能力』，不撓不撓的學習精神使李經康企圖能藉由網路特性，一躍越國際舞台競爭。爾後透過李經康提出的數項經營執行方案，黑快馬股份有限公司自2001年營業額成長580%，2002年營業額再成長486%，2003年300%的成長率，2004年再成長131%的成長率，2005仍再成長32%，2006到2009年都保持持續成長的企業經營績效，2010年後面對網際網路環境及產業的成熟，不斷提出創新技術與創新網路應用服務，並成功的開拓出國際市場及國際的合作客戶，包括了：台灣中華電信、速博電信、數位聯合電信、中國大陸上海電信、安徽電信、四川電信、福建電信、貴州電信、山東網通、香港新世界電信、日本NTT、泰國CSLOXINFO、新加坡Singtel，自此李經康已成功地將自己的腦內思維完整升級，同時也對於網際網路的下一個雲端大國中國大陸邁進。

「雲端新思路，李經康的中國大陸西進計畫」

　　隨著網際網路與智能手機的普及，李進康早早體認到在未來的市場上，搶佔先機，創造新契機才是企業成長的不二法門，可以有暢銷商品但絕不可以沒有新品，他認為消費者不會對於新品厭倦，只會厭倦舊的品項，他的雲端新思路就在隔著一個台灣海峽的中國大陸。

　　李經康表示早期大家對於中國大陸只單純認為依靠低廉的勞力成為世界代工廠，但不可諱言龐大的市場基數就是刺激產品更新與創新的最佳試驗場。這次李經康有了上次的挫敗經驗，他記取教訓先將原公司黑快馬的市場競爭性維持，一直到2015年因緣際會接觸深圳市育山科技協會，再次將他創業的雄心壯志激發，這次李經康要帶給全世界消費者什麼不一樣的產品？

　　自2013年開始，智能手機的大戰徹底轉化了人們生活與消費的型態，科技業起家的李經康對於2013年開始期捲全球的自拍風潮更為印象深刻，「這是一個生活模式影響商業模式的革命，以後所有的網際網絡行業將更重視內容行銷與能產生高品質內容的產品。」因此李經康將創業重心放入了自拍商機的鑽研，當時他發現現有市場強調的是手機鏡頭與自拍神器的規格提升，但對他來說這些都是暢銷熱賣款的延續，對於創業者來講這不是創新，只是順應市場跟風，「要做就要做到各家無法跟風」，為此，他將研發重心轉往科技代替手動的自拍機器人研發。

　　李經康不諱言指出自2010年以後，高智能科技取代舊有人力議題早已甚囂塵上，以前在電影看到的機器人這幾年都可以看到先進國家，特別是日本都已經在做研發，甚至開始往量產的方向做研究，就一個最簡單的例子，家電機器人（智能吸塵器）就是一個徹底翻轉家電

市場的研發，李經康也以此為出發點，希望將透過智能科技完整每個消費者對於自拍完整生活的渴望，因此研發自拍機器人就成為李經康的創業出發點。透過深圳市育山科技協會的協助，李經康在2015年參加深圳南山創業之星比賽，儘管在眾多參賽者當中李經康已屬高齡，但憑藉著進步的思維與多年累積的商場洞察，在數千個團隊中過關斬將得到優勝，並獲得中國大陸科技部部長親自觀看產品發表，同時給予「這是我看過最好的路演」的極高評價，更同時得到賽格創客中心的投資及支持，有著這樣的信心加持，李經康便開始進一步著手在中國大陸的創業計畫。

「李經康的自拍機器人思維四要素」

Selfie Robot（FieBot）「自拍機器人」。手機是腦袋，裝置是頭，三角架是身體。

1.感知Perceive：軟體的人體辨識，硬體的紅外線追蹤。

2.分析Analysis：追蹤人的移動位置，轉換為手機XY軸座標。

3.推理Inference：機器人判斷轉向目標正確定位。

4.決策Decision：進行拍照。

「創業就是要用全勝擊倒市場」

　　西進中國大陸創業小綠草公司前，李經康便嘗試了一個全新轉變，他深知在中國大陸創業勢必面臨模仿，地價競爭，但與其任由這樣的狀況發生進行複雜且耗時的法律訴訟，他必須尋找不一樣的商業模式來取其平衡點。自拍機器人的發表勢必會對於中國大陸甚至於全球的智能與高科技市場颳起旋風，但過不久低價的仿

冒品牌若是像雨後春筍一樣冒出頭，放任市場競爭，無法讓消費者完整的享受這項產品帶來的好處，思考良久的李經康做了一個重大的商業決定，在2016年1月12號舉辦全球首發會前，李經康打破傳統市場害怕中國大陸，"山寨"、"抄襲"而不敢進入大陸市場的觀念，他直接將芯片讓廠商代理，可做成任何樣子的自拍機器人，小綠草將走全新的智能科技經營概念，提供客戶自拍機器人產品【芯片授權】、【機構授權】、【PCBA授權】以及Open BOM的商務合作，由客戶自行生產，並全方位協助產品外型、電路、機構設計生產及各項技術移轉之服務，李經康表示「這是另類的販賣智慧的模

組，很像是專利註冊，但我深知廣大的中國大陸經銷商創意絕對遠遠強過單一公司，對我來說與其限制不如開放，我要讓消費者完整的享受到我當初的原始概念，颳起全世界的自拍機器人風潮。」

「給年輕台灣創業者的啟發：創客與創業」

而面臨不斷更新的科技世代，李經康也對於年輕台灣世代提及了幾項建議：

1. 學習能力便是競爭能力，持續的學習才可以面對不斷更新的時代趨勢
2. 學習敏銳的觀察，找到需求才可以找到市場
3. 慢慢來比較快，勿著急地想要一步到位
4. 先找到適合小眾的「獨占」
5. 創業者要認清自己其實是具有額外的社會責任，因為提供了就業機會

2015年，李經康在創業論壇上也針對創客與創業提供了與眾不同的見解，以目前李經康看到的創客，大多是以創業為目標（台灣創客亦同）。而創客不等於創業，創客多半是從興趣開始接觸DIY創作思維，但創客距離創業是很近的，只要加入外來資源注入，很容易就走到創業之路。創客創新的作品，會讓資本投資更活絡加速創客走向創業。創客創新的作品，容易受到企業的睛睞，企業會注入資源把創客的創新作品「產品化／量化」，

加速讓創新產的品發揚光大。不論是創客創業，或是創客就業，大眾投入創客之列，都是提升了就業率，增加對社會的創新產值，更是提高了國家人才競爭力，他也期待有更多有活力的台灣年輕人一起加入創業這條路。

衣架起家——

環球日用品

總經理　賴昕祐

撰寫人：林文瑀、侯俐瑄

離開舒適圈，學習與不同文化相處，
創建自我打造的事業新天地。

從青澀到成熟，賴昕祐勇闖事業的故事，從東莞說起。

放棄百萬年薪離開舒適圈，帶著勇氣與堅毅讓自己遠行。

從小到大，一直都是父母及師長眼中資優學生的他，在2002年台灣成功大學會計研究所畢業之際，放棄在台灣會計事務所任職的機會，前往東莞協助父親的事業，作了人生中最重要的決定。

「我學會計出身，雖然來到這裡幾乎用不到從前學的專業，但在過去讀書的日子裡，我學會了如何紮實的學習。」賴昕祐以積極樂觀的態度，踏進完全不同的工作領域，從基層採購晉升到管理幹部，從管理幹部到蛻變成引導統御各部門的總經理，賴昕祐不斷前進，賡續創建事業新天地。

環球日用品（Universal Houseware）於2001年底成立，為台灣華鈉實業集團關係企業。在公司經歷磨合期後，隨著美國經濟成長，全球消費力增加，服飾業大舉拓展新店面，日常用品消費也不斷增加，致使公司快速成長，從成立之初不到百人，到2008年成長到超過一千人的規模，並連續多年榮獲石排鎮先進企業的肯定。公司在東莞駐廠的面積達35000平方米，生產的衣架含括多種材質及款式，產品的類型除了戶外及室內的晾曬衣架之外，還有獨具特殊功能的魔術防滑衣架、不含重金

屬的環保兒童衣架、竹製衣架、具防盜功能的酒店衣架等，十分多元。

環球日用品除內銷之外，產品亦通過國際品質認可，遠銷至美洲、歐洲、亞洲等地區，更是知名跨國企業沃爾瑪（Wal-Mart）、好市多（Costco）等指定的OEM生產企業。OEM（Original Equipment Manufacturing），簡稱為委託代工，公司運用充裕的勞動力及製造技術，提供國際市場上所需的衣架製造、組裝等委託代工服務。

「以多元化的產品組合策略，在世界舞台上嶄露頭角。」賴昕祐表示，能與國外知名品牌合作多年，最關鍵的因素為多樣化的產品組合，能滿足不同需求的消費客群。在物質生活水平日漸提高的今日，消費者對產品的需求與認知逐漸提高，多樣化的消費需求促使企業紛紛投入客製化商品，增加品牌價值。相較於獨製木料衣架或塑料衣架之業者，環球日用品提供各種不同材質及獨具功能性的衣架款式，客戶可小量酌訂不同款式，得以滿足不同消費者的需求，更能作到一站式購足之服務。

十分重視客戶需求的賴昕祐表示，「許多國外客戶習慣下短單，三百支衣架以下我都可以接，一個貨櫃裝滿四十、五十種衣架後發貨。」在經濟學的理論中，行銷策略三步驟分別為市場區隔、目標市場及市場定位。環球日用品針對不同屬性、需求之消費者區分市場，再

針對不同需求的消費者，設計出不同的衣架組合，策略性的行銷及機動性接單，不僅能塑造品牌價值，廣布行銷通路，更建立了市場優勢。

金融海嘯後，經濟的連鎖效應擴散到全世界，要在這樣的不景氣之中賺到消費者的錢，企業勢必要活化資源，求變求新，才能在市場中占有一席之地。在經濟環境與勞動力減少的情況下，傳統產業面臨著雙重衝擊，但其中還是不乏有逆勢成長的公司，產製衣架的環球日用品，自產自銷國內外市場，便是個成功的例子。

洗衣服及曬衣服為日常生活中不可或缺的一部分，如何將家務打理妥善，亦是一門重要的學問。如果在做家事的同時，能使用省力又有品質的工具，做起來會更有效率。多年來，環球日用品投入衣架的研發，產製多種材質的衣架，諸如止滑防皺衣架，能在衣服風乾之後，衣服保持完整不變形；不鏽鋼製摺疊型曬衣架，得以在妥善利用空間有限的陽台，並延長使用的年限；防風式曬衣夾，堅固的材質得以防止衣物被風吹落到地上；毛巾專用曬衣架，使需長期使用大量毛巾的家庭或商家，省去不少時間；西裝褲、圍巾專用防滑衣架，能節省衣櫥空間；電鍍包覆不鏽鋼，將外在環境影響的生鏽因子徹底隔離；改良式伸縮曬衣架，得隨時調整曬衣高度，能讓家事變得更簡單，使家中的長輩或小孩子得以輕鬆參與；相較於塑膠及不鏽鋼製材料，木製衣架特

有的外型及質感，更能提升產品質感及品牌形象，成為
服飾市場重要的配件之一。

在日用品市場保守的情況下，企業除了迎合消費者
需求設計產品之外，還要創造需求，不斷的開發新產品
與技術，才能創造出自己的一片天空，穩固市場地位，
不被大環境經濟衰退的影響而淘汰。以守護人類環境為
出發點，環球日用品在發展並提升利潤之餘，對環境保
護也相當重視，致力於研發無毒的有機塑料衣架、竹製
衣架，這些材質生長快速，並且對環境的影響較小，得
以減少環境負擔，優化生活品質。

除了持續研發新產品及多樣化行銷組合之外，環球
日用品業績穩定成長的關鍵是，公司以誠信為本，恪守
大陸法律。另一方面，重視環境永續發展的他表示，
「我廠的生產工藝都有通過中國大陸的環保驗收合格，
並積極參與世界通行的相關認證。」目前，環球日用
品公司通過全球FSC森林監管體系認證，接下來也會進
行碳排放足跡認證。外國廠商在下訂單前會進行驗廠程
序，除了檢驗消防設施，亦會檢查員工待遇、環境影響
評估是否合乎標準。由於衣架的利潤微薄，毛利率必須
要靠總數量的累積才能衝高，不少小型工廠未完全遵守
法律，並以削價策略角逐市場。賴昕祐表示，「廠商以
嚴格的標準驗廠，對我們這些每年繳足五險一金，配合
政府環評標準來做事是一個激勵，可以排除掉沒交社

保、沒繳稅的小廠。」

　　成功的企業家的共同點是，創業的自信心、挑戰的勇氣與堅持到底的毅力。2010年是公司的重大轉唳點，由於當時員工操作失誤釀成工廠火災，自動噴油生產線與組裝線付之一炬，「當時手頭上還有許多貨趕著要出，內心十分焦急。一方面怕誤了交期會有巨額賠償，另一方面怕客戶就此轉單。」面對突如其來的事故，賴昕祐緊急召集內部同仁開會研商，將手上能夠外發分流的訂單儘快外包，並立刻進行新的噴油線與組裝線的建設計畫。在確認以上計劃都沒有問題後，賴昕祐親自向客戶致電，並保證不會延遲出貨的時間點。環球日用品的團隊在遇到危機時齊心協力出謀劃策，以誠意安撫客戶穩住訂單，最終沒有流失任何客戶，工廠也在半年內恢復正常生廠。這個故事讓筆者體會到，有的時候，環境的劣勢未必會造成失敗，沉穩樂觀、謙和有禮的性格，更容易快速適應環境，成功的化危機為轉機，並在挫折中成長許多。

　　「人生沒有永遠的逆境，走過低潮的韌性，能讓自己更堅強更有自信。」賴昕祐在2009年經歷了父親重病逝世的打擊，2010年又發生工廠火災，再加上金融海嘯對整個大環境的經濟衝擊，多重的打擊曾讓他面臨人生低潮。在父親重病後，整個工廠突然在一夕之間由他來管理，幸運的是，在家人及公司同仁的支持與鼓勵與齊

心協力下，成功渡過了一個又一個的危機，再次讓企業
重新壯大。走到今天，他始終懷著一顆感恩的心。和賴
昕祐的交談中，你會發現他同時有青年人的活力，又具
有成熟穩重的氣質。

　　「人才，是企業最重要的資產。」賴昕祐先生笑著
回答，在人才任用與管理風格方面，與父親截然不同。
他主張開發人才的潛能，讓員工有更多自己發揮的空
間，更大的自由度，廣泛吸納人才，培養人才，發展人
才，凝聚眾志成城的力量，使員工與公司一同成長。
經濟學者將自然資源，資本資源，人力資源並列為生產
者從事生產的要素，大部分的資源皆可短時間取得，唯
獨人力資源需要藉由招募、培養、激勵，才能發展為互

助成長茁壯的組織。微軟執行長Bill Gates說：『對我來
說，最重要的事情是聘用聰明的人。』；奇異執行長Jack
Welch說：『找到好的人才，是我畢生最大的成就。』
由此可見，企業培養人才的文化，有助於吸引人才，締
造組織團結，發展為更成熟的組織。

　　「勇敢踏出所學的框架，到新的地方闖蕩吧！」成
功並非一蹴可幾，但成功的背後需要奮不顧身的勇氣。
「我剛來的時候跟大多數的台灣年輕人一樣，對別人不
信任，甚至帶有歧視的刻板印象，但當我試著融入環
境時，發現其實人走到哪裡都一樣，要看你願不願意
跟別人相處與溝通，深入了解後看待本地人就會較開放
跟平等。」問到是否鼓勵台灣年輕人到大陸發展時，賴
昕祐樂觀看待兩岸未來的市場，對年輕學子抱持鼓勵的
態度。他認為相較於其他國家，大可發揮的創意空間很
大，市場極具潛力，十分適合年輕人發展。

　　「經驗，成長與突破，從作中學。」從生產線到管
理階層，賴昕祐凡事親力親為，積極參與每個部門的工
作，隨時關注當前的發展，改進管理方式。

　　在賴昕祐的帶領下，環球日用品已奠定了中國大陸
衣架行業領頭者的地位，從工廠製造產品的流程中，可
看出領導者對每一線業務的嚴謹要求，環球日用品運用
成熟的製作技術為國內外的客戶提供高品質的產品。

　　「企業轉型，是未來致力實現的目標。」長久以

來，豐沛且廉價的人力資源是大陸經濟蓬勃發展的關鍵
推手，然而，隨著科技日新月異，市場快速變遷，產業
結構推移進化，工廠人力資源配置與產業發展的隔閡逐
漸浮現。在工廠現場，賴昕祐提到「現在年輕人跟以
往不同，這種傳統製造業的勞力工作已經不像以前那樣
好招人，員工的流動性也大，在管理成本上提升了非常
多」。在勞動力工作式微之後，他希望能讓企業轉型，
在原料成本上作控管，增加外購，減少勞力成本，提高
國內的銷貨比例，降低對外銷的依賴。

　　「秉承代工優勢，厚植自創品牌。」純承接製造代
工的企業完全依循OEM買主所指定的規格生產，以製
造、裝配為主，鮮少碰觸到國外行銷通路。在全球經濟
形勢與貿易轉變型態的驅使下，中國大陸的工資上漲，
貸款利率上升，生產成本逐年提高，以往的代工製造

業優勢逐漸式微，利潤漸薄，為求謀求發展，各大製造代工業者興起一股創立品牌的熱潮。在這樣的背景下，賴昕祐在技術基礎發展成熟後，決心自行創立品牌「優選家」，以少量生產、多元行銷的方式搶攻大陸內銷市場，直接面對終端消費客戶。由製造代工轉進品牌經營的優選家，在經營上面臨各式各樣的挑戰，首先，企業可能與客戶產生競爭關係，產生訂單流失的風險；其次，公司雖深耕日用品市場，但在行銷的策略與經驗上仍有欠缺，因此，必須投注諸多心力，多方面學習產品行銷，多面向推廣品牌形象，將積累數十年的製造優勢，厚植自創品牌。

「創業者的艱難，只有創業者才知道，成功者努力的過程跟心酸，也只有成功者才能體會的最深。」賴昕祐說他仍不會稱自己是個成功者，未來還有許多努力的空間。

　　問到對未來市場的看法時，賴昕祐樂觀的表示，「生活日用品的市場是穩定發展的，接下來中國大陸的市場將迎來成長的階段。消費者會需要質量更好，且更具設計感的產品，公司將持續努力推出符合消費者需求的產品，提升國人的生活品質。」除了研製新型衣架周邊產品之外，往後也會持續與其他設計師合作，推出更創新有趣的產品。

　　「抱持最好的希望，做最好的規劃，」當公司持續不斷地成長時，賴昕祐發覺每個工作夥伴的經驗都是珍貴的寶藏，重視培養人才的他，妥善規劃所有可利用的資源。講起未來規劃，賴昕祐滿是憧憬，他期望未來能擴大經營版圖，並積極開發管理、供應鏈管理、品質管控與庫存管理，將環球日用品打造成知名品牌，推出一系列生活用品，例如收納用品、廚房用品，以設計、製造、行銷一條龍的策略，發展成規模經濟。

　　「工作上最大的成就感是，看到自己的產品受到肯定。」賴昕祐笑著回答，在做市場調研時，看到公司的產品陳列在店內，將客戶的衣服襯托得很好；在超市裡，看到消費者把產品放進手推車，那種驕傲與滿足，不斷激勵他努力前進。

　　在公司發展的同時，賴昕祐也積極開創副業，接觸生技產業、養生產品，不自滿於眼下的成就，仍勇於嘗試各種新知識，不停地學習，為自己的人生開創更多種

可能。就是這樣拼搏的態度，才能走向成功。

離開舒適圈，迎向廣闊的新世界

改變是困難的，但只要勇敢踏出第一步嘗試未知的領域，就能擁抱改變後的廣闊新局。賴昕祐剛畢業之際，曾經也想像周遭的同學一樣投入所學，在會計師事務所內任職，當時的他在高薪優渥與充滿不確定因子的大陸工作中，做了離開舒適圈的抉擇，獨自前往東莞，一肩扛下父親重任，學習與不同文化共處。

性格決定命運，這句話運用在謙和有禮的環球日用品接班人身上，再適合不過了。在過去的十五個年頭，他虛心學習，不斷接受挑戰與機會，從工廠的第一線員工角色開始做起，積累不少實務經驗後，一路耕耘至管理層級。鼓起勇氣離開舒適圈的賴昕祐，視野更豐富，成為不斷成長的人。

充電旅行，體驗生活的樂趣

「不管做任何事情，最重要的是體驗過程中的樂趣。」世事多變，事情不會總是依照規劃順利進行，只要在過程中盡力而為，無論是成功或失敗，都能享受到過程中的甜美，體驗生活的樂趣。問到工作壓力的時候，賴昕祐表示，工作壓力是從不間斷的，健身鍛鍊、四處旅行，都是紓壓的方式。

　　放棄者絕非贏家，但贏家絕不放棄。美式足球傳奇教練Vince Lombardi曾說「人生最偉大的成就並非永遠立於不敗之地，而是跌倒後再爬起來。」賴昕祐在在人生的旅程中勇敢面對各種挑戰，在獨自旅行中沉澱心靈，尋找產品的靈感與創意。從他的故事中可體會到，人生一直在面對各種問題，只要遇到挫折時別氣餒，鼓起勇氣奮力拼搏，到最後會發現，難關是老天爺給你的考驗，告別挫折後，不斷前進的自己，更堅強茁壯。感謝賴昕祐分享珍貴的經驗，筆者相信，環球日用品在今後的日子裡，能集結眾人的力量，以更創新、更穩固的腳步，朝著未開發的航道持續前進。

空姐愛咖啡—

UNITEDSKY COFFEE

創辦人　張淯珊

撰寫人：侯俐瑄、連修偉

　　許多上班族都希望能自己開店，從此不必看老闆的臉色，只需要對自己負責；不用每天待在枯燥冷漠的辦公室，可以依自己喜好將工作環境裝潢布置成自己喜歡的場景；不再成天對著電腦螢幕處理各種感性枯竭的文書工作，工作的起點就從與客戶面對面接觸開始。但創業開店的人何其多，失敗的例子比比皆是，想自行開創一番事業的上班族都需具備一個體認──「開店後的生活及工作型態會有180度的轉變，一般上班族一天只工作8小時，自己當老闆就要24小時都在工作。」期望開店的創業者在初期就得面臨資金來源、經營地點、個人專業度及產業環境等種種難題，而少數成功通過這些考驗的人往往在市場上閃耀光芒，讓眾人引頸崇拜，也為未來想加入市場的創業者們樹立值得借鏡的里程碑。

　　張清珊曾經在國際知名的阿聯酋航空公司擔任空姐，長年以來居住在杜拜，經歷十多年的飛航工作，也在過程中造訪過一百多個城市及八十幾個國家。2013年從空姐的身分退役後，張清珊褪下空姐光鮮亮麗的職業外衣，懷抱著浪漫的咖啡夢隨著另一半來到了中國大陸昆山市，兩人在生活中時常回味曾經在義大利旅遊時，品嘗過一家咖啡店的美好滋味，難以忘懷的味覺記憶讓他們萌生經營咖啡事業的想法，後續在偶然機緣之下與中國大陸好時總代理及相關食品業先進們討論，眾人一致認為咖啡配合巧克力可以醞釀出難以形容的魅力，希

望可以透過咖啡及巧克力的結合變成世界溝通的橋樑，催化出全世界的共同語言之一，因而創立UNITEDSKY COFFEE聯合咖啡。希望能在他們能力所及的範圍內，提供給咖啡愛好者舒適的環境、專業而高品質的咖啡，當沖泡好的咖啡一入口，每個人都能感受到撲鼻的咖啡香與舌尖上的醇厚餘韻，帶來愉快的心情與氣氛，也為冰冷的城市生活增添一分暖意。

蒐集全世界的體驗　獻給所有咖啡愛好者

長達十多年的航空服務業經驗，讓張清珊培養敏銳觀察周遭人事物的的觀察力，每每造訪一個地區，她便會好奇當地的飲食愛好並仔細記錄下來，加上她本身對咖啡的愛好，更是細心的將許多不同國家的咖啡風情都深入體驗成為後來創業的參考資料，在長時間的接觸各

國咖啡文化後，她將自身投注在咖啡的熱情轉化為專業，作為她創業過程中的重要導航。

「待在國外會發現每個國家都會有自己喝咖啡的文化，北美地區因為大眾十分仰賴咖啡，幾乎是當成水喝，所以也發展出每天早上飲用淡美式咖啡的習慣；歐洲地區經常會在聚會的場合才喝咖啡，因此咖啡的風格會比較花俏，會加上鮮奶油或是焦糖點綴；然而在許多出產咖啡豆的國家，例如：印尼、巴西，雖然是咖啡豆生產地，但是可能因為當地的烘焙技術及設備限制或是其他原因，導致這些地區的咖啡往往呈現較粗獷的質感。」這些都是張清珊在國外旅行多次所發現的現象，和這些地區相比，現在中國大陸的咖啡市場還在開發中，大部分的人都還是習慣喝茶或是果汁，而且大眾對於咖啡的熟悉度不夠，購買咖啡的原則建立在是否讓人感覺新潮或是高尚，卻不是咖啡的品質及原料來源，當劣幣驅逐良幣的趨勢蔓延，便造成市場上充斥許多魚目混珠的案例，導致大家喝咖啡只針對品牌，殊不知高品質的專業精品咖啡店都是獨立經營，她也期望未來在咖啡市場上強調專業與品質的風氣能逐漸普及，讓更多人能藉由咖啡打開話題，形塑以咖啡為主軸的生活圈。

張清珊也提到由於國外的咖啡市場較成熟，目前在日本、歐美地區流通的高等級咖啡豆很多都是國內尚未引進的口味，如哥倫比亞咖啡通常是被大家認為比較中

低價位的中性風味咖啡，但她曾經在日本東京赤羽橋地
區的一間咖啡廳品嘗到利用十分高級的哥倫比亞咖啡豆
手工沖製出的絕佳口感，而今年在西雅圖的世界咖啡師
大賽，冠軍選手也是運用哥倫比亞咖啡豆獲得佳績，她
當下意識到過往國內引進的哥倫比亞咖啡豆可能都只是
中階品質，在發展成熟的地區因為有足夠的市場支持所
以能將高品質的咖啡豆引進。她印象最深刻的是曾經在
南法尼斯海邊經過一間小咖啡店，他們在拼配咖啡豆的
成熟技巧讓沖製出的濃縮咖啡具備完美的平衡風味，香
氣撲鼻卻不會感覺到苦澀，微酸口感搭配深沉的赭紅
色，在法國郊區能夠享受到如此高品質咖啡的體驗令她
回味無窮，也啟發她希望能將好咖啡所帶來的感受帶回
國內分享，造福更多咖啡愛好者。

腳踏實地學習做咖啡　取得耀眼好成績

　　創立聯合咖啡的過程中，張清珊在偶然機會下經
過朋友的介紹，在上海的美國SCAA咖啡學院認證機
構學習，並在課程結束後取得了SCAA和CQI共同認證
的Q-GRADER證照，全世界擁有這張執照的人數不到
5000人，擁有這張執照的品鑑師就有機會能夠為每一季
生產的咖啡豆評分，在她成為正式的咖啡品鑑師後，除
了繼續完成創業的計畫，她也預計明年3月會到雲南參
加咖啡品鑑工作，對於過往沒有咖啡從業經驗的人來

說，張清珊能夠在短時間內取得證照並獲得認同，她所付出的努力值得效法。訪談過程中張清珊說：「因為我本身是素食主義者，而且口味非常清淡，所以對咖啡的味道十分敏感，加上過去在國外接觸到太多不同環境的食材，讓我在品鑑咖啡的過程中能夠輕易辨別每一杯咖啡所蘊含的氣味元素，因為品鑑咖啡考驗的是你過往生活經驗在味蕾殘留的記憶，當時一起參加考核的人當中只有3個人直接通過，授課的老師也對我印象深刻，因為我是唯一非咖啡相關背景的人。」從她娓娓敘述對咖啡品鑑的專業時彷彿能看到自信的神采，即使已經取得咖啡品鑑師的資格，她也再次強調，她認為想要創業成功單是仰賴專業背景是不夠的，畢竟在創業過程中還需要克服很多和咖啡專業無關的問題，她當時因為參與咖啡品鑑課程的平台，讓她很幸運地接觸到許多在業界從事相關工作的朋友，包含烘豆師傅、咖啡豆通路商、咖啡店創業者……等，範圍遍布整個大中華地區，和這些朋友及業界前輩的互動讓她對國內咖啡廳產業累積不少概念，推動她後續在經營咖啡事業上的成功。

　　空閒時張清珊也積極參加各界咖啡盛事，她今年就有參加西雅圖精品咖啡協會的活動以及米蘭世界咖啡展，甚至還會到大大小小的咖啡展會上擔任義工，從其他前輩身上汲取經驗，認識很多沒有見過的咖啡豆，也讓她從中認知到自己的人生哲學——打開視野不是仰賴

書本上的知識，而是你所遭遇的人和環境，她始終相信
咖啡有其迷人之處，即使在中國大陸，大家的傳統習慣是
喝茶，也可以試著透過吸引中國大陸人的包裝方式及推廣
手法，向社會大眾傳播咖啡文化，這樣的信念支持她在創
業的旅程中不斷前行，飛往每一個她所期盼的目的地。

創業路上的真實風景　用咖啡成就世界平台

　　談起在中國大陸創業的歷程，她表示的確比想像的
困難，從剛開始成立公司的申請流程、選址、選材、廠
商協調、施工團隊合作，到正式營運後的員工管理及訓
練，每一個環節都存在許多難以解決的挑戰，她感謝自
己很幸運認識了許多前輩，讓她有機會從別人身上汲取
經驗，將創業以來所遭遇困難都一一克服。經歷過創業
初期篳路藍縷的張清珊深刻明白創業必須是團隊合作，
跟合作夥伴妥善分工，才能共同在大市場下生存，實踐
團隊的理想並創造最大效益。

　　在創業初期的資金來源，主要是張清珊和她另一半
過去工作的積蓄，她並沒有採用向銀行貸款的方式，而
且抱持著有多少錢做多少事的踏實態度，雖然在聯合咖
啡創立前期追加許多經費，但在她努力不懈的管理之
下，聯合咖啡很快就突破損益平衡點，建立穩定的收益
模式。張清珊回想剛創立咖啡廳事業的時候，過去的工
作環境和生活方式讓她顯得和當地的氛圍格格不入，她

張淯珊的航空業同事們都十分支持她的咖啡夢，並幫她推廣宣傳

也抱持著以往的習慣在籌劃咖啡廳的事務，但是長期生活在中國大陸擔任台幹的另一半容易提出和她不同的意見，導致他們經常因看法或價值觀不同發生爭執，而後她會心一笑的說：「現在發現他當時所提的建議都是正確的。」隨著時間推移，環境的熟悉度也會影響人在面對每件事情的想法，張淯珊認為當時自己才剛開始接觸中國大陸，對當下的環境理解太淺，難免會在決策上有錯誤判斷，很感謝他的先生在一路上提供正確的建議，讓聯合咖啡在今日能有成熟穩定的表現。

聯合咖啡從昆山起家，經營的項目除了販售現煮手工咖啡外，聯合咖啡也會每週精心挑選出具有特色的咖啡豆，製作出經典咖啡在店內推廣銷售，而且會定期根據咖啡的風格、口味或品種構建一個相關主題，策劃一系列與當期主題咖啡有關的展覽、活動及對話論壇，而這些有別於傳統咖啡店通路的體驗，是享受品味咖

啡的愛好者無法在網路上獲取的。張淯珊將UNITEDSKY
COFFEE聯合咖啡定位為「分享全世界咖啡文化的社交場
所」，正如同歐洲啟蒙運動時期的沙龍文化，由聯合咖啡
邀請所有咖啡愛好者參加，增加他們彼此交流的機會，或
者得以愉悅自身及提升咖啡品味的聚會。張淯珊長年觀察
大眾與咖啡之間的互動，她有感而發地說：「很多人進咖
啡店並沒有抱著明確的目的，他們不過是來挑挑撿撿，遇
到一杯好咖啡也是一件需要碰運氣的事。很多時候，他們
總是會在幾種咖啡之間糾結，就好像買菜一樣，牛肉看起
來新鮮一點，但我好像更想吃豬肉。糾結了半天，終於把
豬肉買回家，才發現，這塊豬肉竟然是注了水的。」出於
對咖啡的熱愛，促使她決定在中國大陸開創咖啡事業，引
進世界各地咖啡的美味，並將這美好的文化傳承下去。她
認為開咖啡廳不只是開店，而是將咖啡打造成事業，透過
跨界合作、商務貿易、活動展覽等各種方式，讓咖啡除了
是一種興趣、一個生活必需品，也能成為一個世界性的
平台，帶領中國大陸所有熱愛咖啡的人和全世界互動。

咖啡文化無國界　咖啡館營造兩岸緣分

聯合咖啡為了呈現比一般通路更高品質的咖啡，特
別從義大利進口號稱咖啡機中的勞斯萊斯──LaMarzocco
GB/5咖啡機，這個品牌最大的特色除了整台機器所有零件
都是手工打造之外，沖製咖啡方面能維持非常好的恆溫性

及穩定性，可以創造最完美的咖啡意念與型態，在商業上
的運用也有非常好的口碑，張清珊也提到目前中國大陸的
咖啡產業品質差異太懸殊，最低只要20000元人民幣就能解
決一間小咖啡店所需要的硬體設備，如果要在尚未成熟的
市場環境樹立聯合咖啡的品牌形象，就必須強化產品的品
質，堅持做一杯好咖啡的價值遠勝於賣一杯咖啡的收益。

　　目前聯合咖啡與中國大陸好時總代理商共同經營
UNITEDSKY COFFEE的品牌，讓通路資源及產品整合
之後，創造另一波咖啡經營的方向，由於有了龐大的資
源，對於中國大陸市場的掌握度也更加明確化，在創
業的過程中了解到，創業之路不是靠單打獨鬥，也不是
英雄主義，而是靠團隊合作，資源整合，一個強而有力
的團隊才是企業的重心。巧克力代理，讓巧克力和咖啡
兩種產業能有跨界的合作，這樣難能可貴的合作夥伴，
不僅資源能共享也為聯合咖啡帶來更多效益，未來創業

者也應該評估和異業合作的可能性，為產品創造更多面向的風格。目前聯合咖啡除了昆山本店之外，近期已成功開展深圳分店，未來將於北京及其他海外據點進行佈點，也有計畫回到台灣開店。目前兩家店都有聘請台灣年輕人，近期也接觸到來自泰國、新加坡及其他地區的咖啡師傅有興趣加入聯合咖啡，張清珊笑稱自己從老東家阿聯酋航空學到很多，聘用員工不限國籍、年紀、經驗，只要懷抱咖啡夢，都歡迎加入她的咖啡團隊。未來也預計開放加盟，希望能將這份對咖啡的愛好推廣得更遠。

一顆咖啡豆　沖出創業夢想

　　張清珊認為現在的中國大陸就像戰後的美國，各國移民紛紛湧入，相比歐洲近年來的蕭條，中國大陸的崛起對台灣年輕人來說是機會也是威脅。中國大陸各行業大力挖角世界各地人才，收購國外大型產業，不可否認地，中國大陸未來將是世界最大的市場。但一個強大的國家要有良好的社會制度跟教育制度，台灣年輕人的優勢在於原有的制度完善，環境也較開放，如能增進本身專業能力，和大陸的青年相比仍有競爭力。

　　張清珊十分鼓勵台灣青年到大陸創業，她認為對比於大陸年輕人，台灣青年較缺乏衝勁跟勇氣，態度上較保守，在大陸遇見青年創業的比例非常高，甚至很多人都是挑戰自己沒有接觸過的領域，青年創業最大的優勢

就是不怕失敗，很快就能重新開始，所以只要有想法就應該勇往直前。她也建議青年多嘗試自助旅行，多接觸世界各地的人，再回頭來看中國大陸的時候，想法會不同，過去的她也曾對中國大陸人存在歧見，但現在已完全消除，「當眼界開廣，心也會更加開闊。」

　　最後，她想勉勵創業青年，創業最重要是莫忘初衷，不斷堅持、不忘初心，領導者要持續學習如何帶領團隊，不斷的進修、精進知識，打開自己的心胸視野跟眼界。她期望台灣年輕人要走出舒適圈，互相分享彼此的經驗，當有成果時，最重要的是要懂得感恩跟回饋。她一直秉持有捨必有得的人生觀，相信現在付出的就是將來得到的，若你不斷畏懼、害怕，最後回到自己身上的還是畏懼與害怕。保持正面思考，未來她會堅持不懈地將她的咖啡夢持續傳播到世界各地。

　　張清珊經歷萬水千山及世界文化的洗禮，終於實現她所期待的咖啡夢，熱愛咖啡的她似乎連手指都綻放光

芒，透過每一杯咖啡把溫暖傳遞每個咖啡愛好者的心中，對她而言咖啡就如同一座秘密花園，隨時有新的發現並得到新的體驗，在這間親手打造的咖啡館裡，她讓咖啡的浪漫找到歸屬感，過去所有辛苦都會得到答案。

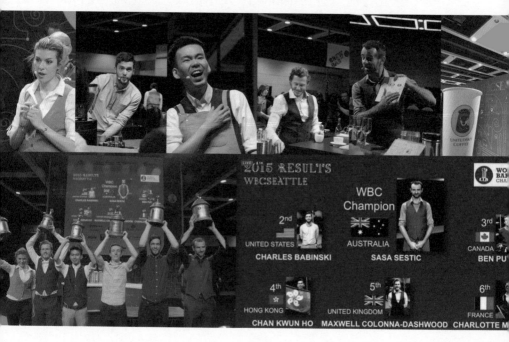

袖珍兵人轉型──
虛擬現實模型

凱薩文化

總經理　許逸平

撰寫人：趙柏宇、侯俐瑄

　　凱薩模型（富逸國際股份有限公司）創立於2003年
10月，當年基於遊戲題材推出反恐菁英、二次大戰題材與
日本武士，成立初期便以高品質原型、精湛作工與自有設
計品牌推廣市場。作為全球首屈一指的1：72（25 mm）
比例袖珍兵人模型製造商，凱薩袖珍兵人十年來致力於開
發最高品質的微縮比例兵人、汽車模型及相關戰棋產品。
追求產品品質與創新題材是凱薩文化不懈的追求，凱薩袖
珍兵人擁有專用雕刻設計團隊與生產工廠，以期從設計到
生產的各個環節不斷努力止於至善，凱薩袖珍兵人提供全
球廣大玩家創造與眾不同的袖珍世界賞玩樂趣。

　　2015年星際大戰七部曲的上映席捲了全球影業，同
步帶動了周邊商品的商機，更讓很多商業人士大讚迪士
尼執行長艾格（Bob Iger）併購知名品牌的商業策略奏
效。星際大戰周邊的模型、絕地武士的頭盔、席捲傳統

媒體、網路媒體、社群媒體。而遠在東方，中國大陸近幾年來除了精緻的古裝大戲外，創新的戲劇及電影更是在全世界創下亮麗的票房，在這精緻影片當道的年代，也有一位台灣創業家，許逸平，他看見了這一波戲劇周邊產品商機，用他的「小兵」們創下亮眼的成績，再次印證見微知著的小兵奇蹟。

「一切都從桌面的模型拼湊開始」

在見到許逸平的第一面時，他才剛放下桌面上組裝的模型，與採訪小組寒暄，像是一個長不大的大男孩，工作桌面上不像是一個總經理會有著整齊的文件擺放，反而像是工程師般堆滿了各式的模型，許逸平自嘲：「我大概是全中國大陸桌面最凌亂的總經理吧！」許逸平不諱言表示從小就非常酷愛模型，特別是戰爭類型的模型，他回憶道從小就看讀歷史書籍或漫畫，比起同年齡層大家愛看的日本動漫，他更愛的是三國志、水滸傳、一次

大戰、二次大戰的紀實書冊，對他來說，這才是最真實對於文化的體驗。他表示學生時期同年齡層的同學都還在迷日本動漫或是相關周邊，他卻醉心於各式戰爭延伸的周邊模型，透過模型的組裝，除了培養耐心學習文化以外，更重要的是對於個人耐心與細節注意的培養。

許逸平回憶起從國中、高中、大學期間，除了上課以外，幾乎都將時間耗在與模型相處，中間也經歷過家人對於自己過度投入興趣有些許的爭執，在長輩眼中，認為「這只是小孩子在玩的東西，怎麼可能成大事？但我實在是太熱愛模型了，我因此轉換想法，有沒有可能將這個興趣轉換成事業？」但他卻堅持選擇這條路，「當時在台灣，聽到有人說要把模型創業當未來的事業經營，可能會被大家譏笑，認為未來頂多是當玩具店店長，但對我來說模型玩具的確有他的市場。」

電視影集透露出市場端倪，創建產品線分類

隨著電視媒體的興盛，當時各式各樣的古裝電視劇席捲了各家電視台，許逸平也意識到，不管是西方戰事或是東方戰事，都會有固定的收視群，他提到，「換個角度想，古裝電視劇對於東方人或是中華市場就像是NIKE的Air Force或是Jordan Brand一樣，歷久不衰，因此我在大學後，除了組裝模型以外，更是將東西方各種不同的限定模型或是產業趨勢納入我每天的作業，對我來講從小組裝模型的習慣讓我培養起一種見微知著的堅持，要創業我就要有比起別人多準備100%的決心，要做就是要做到最好。」

然而，就算熱愛眾多的模型，但是創業總需要迎合市場，究竟如何創造可以讓市場接納的產品？許逸平輕

鬆回答道：「看電視電影就知道。」他繼續說明因為所有的模型市場熱銷款其實大致底定，對於新進產品最重要的是如何能搭上市場熱潮，他舉睽違十年上映的星際大戰為例，「當時星戰的周邊玩具其實非常具有識別性，以往其實電視或電視劇卻根本不把周邊商品作為主力的推銷，但當時星戰卻將周邊商品做相關註冊，為什麼？就是創造出產品特殊性，而到今日星際大戰已經出到七部曲，周邊的商機上看150億美元，一部電影讓科技大廠台積電還有鴻海都想搶食這個大餅。」因此對於凱薩文化來說，透過對於熱門電視電影的市場反應，去探究進而研究出熱賣的產品，這就是他見微知著的第一步。

抓準利基，成功切入中國大陸市場

　　而究竟是哪項產品讓凱薩文化站穩中國大陸市場的第一步，許逸平打趣的表示，「當然是要靠武力進攻！」他在桌上展示了滿滿一整列精緻的戰爭小兵模型，一字排開，遍及上古時期聖經時代（Biblical Era）特洛伊戰爭，古典時代（Ancient）中的希臘（Greek）、羅馬（Roma）、埃及（Egypt）到中古時期（Medieval）的十字軍騎士，二戰各國（中、美、德、英、法、日）以及現代戰爭中的各國士兵、阿富汗、中東戰士與中國大陸解放軍、太空人讓我們大開眼界，猶如複習了一遍世界戰史。

　　許逸平表示中國大陸電視其實非常喜歡講述歷史、戰史,「中央電視台播的最多的影集,不外乎是戰爭歷史或是武俠片。」因此培養了非常多的戰爭粉絲,因此,對凱薩文化來說,這就是切入中國大陸市場的利基。因為這些目標群眾都是有高度熱愛的有實力消費者,只要產品品質夠好,絕對仍夠吸引消費者消費。因此他把自己以前對於購買模型的吹毛求疵,執行到凱薩公司的所有產品品項當中,「因為如果連我沒有辦法說服自己購買自己設計的產品,那我更沒有這個膽放到市場上讓消費者選購。」也是因為這樣的堅持,凱薩文化出產的軍事模型品項更是榮獲一項特殊背書,2013首度被央視CCTV選用於軍事節目使用的模型兵棋公司,許逸平回憶道「最初接到電話時還擔心是產品有什麼問題被消費者投訴,要被CCTV訪問呢!」

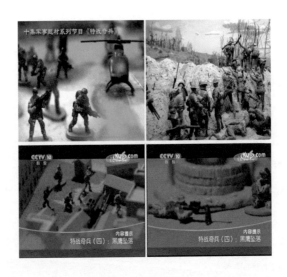

凱薩文化的品牌精神，模霸

在訪談當中，我們很好奇在現在這個說故事的時代，品牌要能暢銷又有自己獨特特的故事或是品牌精神，那對於凱薩文化，他又是一個具備怎樣性格的人呢？

許逸平以兩個字回應，「模霸」，他表示希望讓凱薩文化創造出來的袖珍模型是模型市場中的霸主，因為凱薩文化每個袖珍模型代表的是消費者對於自己生活娛樂的態度投射，因此要讓消費者感知購買凱薩文化的產品等同於自己生活態度的表徵。而因為有這樣龐大的理想，同步搭配的便是要有完整的產品線迎合廣大的市場消費趨勢，目前凱薩文化旗下包含四大產品線與三條支線，整理如下：

1.凱撒袖珍兵人（Caesar Miniatures）產品線，

　(1)上古時期聖經時代（Biblical Era）特洛伊戰爭

　(2)古典時代（Ancient）中的希臘（Greek）、羅馬
　　（Roma）、埃及（Egypt）。

　(3)中古時期（Medieval）的十字軍騎士。

2.二戰各國（中、美、德、英、法、日）袖珍兵人

3.現代戰爭中的各國士兵、阿富汗、中東戰士與中國
　大陸解放軍。

4.奇幻（精靈、矮人、獸人、魔法師）科幻等數百種
　題材產品。

　除自有品牌，還為許多大公司代工，近年來並著手互
聯網銷售與批發業務

　　許逸平表示凱薩文化的目標是創造令玩家歡快和有
收藏價值的袖珍模型，因此公司整體正不斷努力以擴大
產品線與嗜好影響力，並加大對中國大陸國內市場的拓

展，致力於推廣這項世界級的嗜好以吸引更多玩家進入袖珍模型搜藏與戰棋桌遊的迷人世界。

見微知著的下一步，虛實整合商機

在見識了凱薩文化創建的小小帝國後，採訪團隊更好奇許逸平希望將凱薩文化的下一步帶到哪？許逸平眼神堅定的表示虛實整合將是未來凱薩文化的下一步，他表示邁入互聯網時代，就連以往我們認為不會倒的電視產業都慢慢被智能手機、智慧電視取代，消費者從以往的被動選擇變成主動，對於模型的要求將更為嚴苛，「擬真互動」將會是模型產業甚至是凱薩文化的下一步。

「我近幾年發現消費者不只單單希望組建模型，他們更希望可以自身投入到這個環境當中。」知名社群網站Facebook的創辦人紮克伯格也曾表示：「增強現實和虛擬實境產品將在未來成為人們日常生活的一部分，這是我們

對市場的長期判斷。」因此未來的凱薩文化將致力於虛擬實境其中小物件與實體物互補應用與互聯網運作項目。

許逸平將未來的發展項目思維整理如下：

- 導入虛擬實境技術以簡單、低成本、高效、易擴散，將虛擬成像效果運用於實體物件上，並產生互動，一改過去的單純開模制造與代工生產
- 應用生活化（無須智慧型手機以外設備）
- 異業結盟應用產生互惠效果
- 應用與升級既有實體產業技術

他表示未來的製造產業除了量化模組以外，更須深

圖為中國大陸科技部長萬鋼對虛實整合應用技術與項目的認可與指導

思的便是客製化與專屬體驗的加深，凱薩文化的下一步便是要成為全中國大陸首居一指「完整結合消費者、互聯網的虛實整合模型及虛實整合模擬體驗的文化公司」，將脫離既有模型公司製造思維，整合上中下游的製造優勢，透過互聯網加深與消費者的溝通，推出熱銷產品，最重要的是希望結合體驗科技加深虛實互動與大數據的結合。

對於台灣青年學子創業的鼓勵

在採訪的最後，我們也希望許逸平以自身的成功經驗鼓勵台灣的青年學子，許逸平表示將興趣貫徹絕對是成功的一大前提，「如果連自己都無法說服自己，那何來的成功可言？」最重要的，便是培養對於市場觀察的敏銳程度，見微知著便是他的座右銘。長期以來對於細節的堅持，造就了他事業版圖的茁壯。他對於台灣的年輕人深具信心，因為他認為台灣年輕人的最大優勢便是對於多元文化的包容並蓄，同時可以將各式文化優點揉合創造更適合新興市場的獨門文化，因此絕對不要對自己喪失信心，就像凱薩文化的創始，大家都以為他可能只是要當個模型玩具店的老闆，但隨著對於產品的堅持，現在已經跨展成不可輕視的模型帝國。任何的小事，只要能堅持下去都能夠

是一件不可忽略的大成就，在採訪的最後許逸平也以這句話勉勵所有的兩岸學子，「只要堅持，必能成功。」

後記——許逸平的模霸五大精神分享

1. 要做就做到最好，創業亦是。
2. 關注細節的同時可以培養耐心與細心。
3. 不敢作夢就不能創業。
4. 台灣年輕人有的是多元文化融合與包容的精神與態度。
5. 見微知著。

讓更多大小朋友　在小小王國中有更多歡聲笑語

不懈努力　不斷創新

技術提升　廣結合作

3萬白手創業　勿忘奮鬥初心

05/01/2008

「傳承與變革」——

來龍唐裝

創辦人　陳春龍的創業故事

撰寫人：林文瑞

　　上一輩傳承下來的百年工藝，歷經大環境的繁華與衰退，陳春龍先生背負著使命，堅持15年的信念，讓品牌走出自己的路。

　　「只有民族是世界性的，推廣中式服裝，弘揚國族文化，是我的目標。」每個精品背後，都有一個傳奇故事，來龍唐裝亦是如此。陳春龍先生的曾祖父是清末宮廷御用的裁縫師，在京城開了裁縫店，為皇家量身訂作日常和慶典用服飾，為當時的達官貴人與社會名流縫製衣服，在業界小有名氣。1994年，積累四十餘年裁縫經驗的父親繼承祖業，赴大陸東莞虎門設立卡琦服飾，專門產製唐裝。2001年，陳春龍先生研發結合中西服飾之新產品，由批發接單轉為獨具特色風格的自創品牌，創立了「來龍唐裝」。

　　東莞虎門，是大陸的服裝重鎮，該地聚集了數以萬計之服裝業者，產製多元款式，競爭十分激烈。相較於其他服裝業者，來龍唐裝秉承百年手工縫製工藝，以高檔質料、精細作工及中國大陸貴族氣息文化底蘊，在眾

品牌中獨樹一幟。2005年，來龍唐裝深受中華文化開發協會之肯定，以「最佳創作大獎」榮獲中國大陸服裝會館頒發之「中國唐裝知名品牌」稱號；2006年，應東莞虎門第十一屆國際服裝交易會主委之邀請參展，榮獲交易會之優秀獎，在中式服飾之男裝市場上引起轟動，好評如潮，並一舉建立銷售網絡，不斷擴增經營版圖，時至今日，大陸經銷商已三百餘家，營業據點遍布中國大陸市場，品牌榮獲中外肯定，享譽國際。

「唯有努力不懈，才能突破」。大專研讀美工的陳先生回想著，從小到大接觸不少裁縫師傅，多數朋友亦投入文化相關的行業，很感謝當初能擁有這些資源，讓他順利地接下祖傳三代的家業。然而，創業這15年來，中國大陸市場變化的太快了，歷經產業大成長的黃金歲月後，淘寶網帶動了非實體店面的消費行為，服裝產業逐年陷入殺價競爭導致低毛利的慘澹困境，產品利潤漸薄，業者相繼倒閉。

相較於其他品牌的行銷策略，來龍唐裝一直秉持著父執輩作衣服的信念，即使競爭再激烈，只要堅守品質與誠信，必能穩固既有消費客群。就這樣，陳先生一邊向成功者取經，一方面多方學習，反覆檢視自己的目標與成長，促使公司資源做更佳的配置。

『大船難掉頭，一步一腳印』這是來龍唐裝創辦人父親影響他最深的一句話。正所謂萬丈高樓平地起，腳

踏實地的把基礎打好，才能成就輝煌的事業。1994年至2001年間，來龍唐裝一步一腳印，從批發接單起逐步熟悉市場模式，在穩固經營並及積累客群基礎後，進而拓展品牌形象，走出嶄新的路。

　　許多人認為，創業是把一件事從1做到100，但從來龍唐裝創立品牌的故事中，筆者體會到，創業最重要的是從0到1，也就是把一個目標具體實踐的過程，看似簡單，實卻不然。以經濟學的供需理論觀點而論，有需求才有供應，在10幾年前經濟正起飛的大陸，數以萬計的人懷抱著一蹴可幾的夢，前仆後繼地經營起服裝事業，而10幾年後的現在，經濟成長了，但同質性的產品早已供過於需、舉目皆是，大環境造就了無數失落，企業倒閉，少數歡樂多數愁悵。在競爭激烈的市場上，產品的區隔性與獨特性儼然成為致勝的關鍵，唯有在消費者心中建立獨一無二的品牌價值，才能在市場上站穩腳步，擴大經營版圖。

　　「看到消費者穿著自己公司設計的產品，能讓我獲得成就感。」在創立品牌之前，陳先生曾向許多人學習，亦思考過諸多方向，並在文化底蘊豐厚的山西、北京、杭州、上海、成都等地尋找靈感。為能發展市場區隔，陳先生參酌台灣品牌Moma的成長路途，從消費者及製作者的角度思索，最後確立產品目標市場，開創新機。創業一路走來，環境大幅動盪，在各式材料不斷創

新、製造技術日益精進、傳播媒體行銷的迅速發展，及消費者收入提高及消費額度增加的情況下，全球市場異質性有擴大的趨勢，因此，衡量本身資源及掌握市場需求，提供更適切的行銷組合，成為相當重要的課題。對陳先生而言，傳承不但是使命，亦是一種信念，將中式元素的服裝生活化，滿足廣大群眾，是來龍唐裝致力實踐的目標。

「對市場形勢的準確判斷，是成長的關鍵」。服飾業是紡織業的下游產業，直接面對終端消費者市場，具有產品生命週期短，市場競爭者眾多，消費者需求變遷快速等特性，因此產品銷售的通路選擇與行銷策略，成為影響服裝銷售成績的重要關鍵。創立品牌之後，困難與挑戰接踵而至，除了大環境造就的市場角逐之外，來龍唐裝亦曾發生品牌代理商忠誠度不足的問題。面臨這些困境，多數業者進退維谷，陳春龍先生在幾經思索後，決意重新規劃及分配公司擁有的資源，並推出新的銷售模式，將產品直接捆綁終端經銷商，不再透過代理商，重新整合市場，也在此挫折歷程中成長許多。

「提升品質，把握眼前的每一次機會，讓顧客留下美好深刻的印象」。隨著高科技產品與通訊網路的快速發展，電腦、平板電腦、智慧型手機日益普及，致使實體門市與網路商店一同銷售。隨著消費管道的改變，顧客在市場中的消費行為亦同時轉變，網路購物蓬勃發

展，非實體店面銷售額屢創高峰。來龍唐裝意識到，除了開拓實體店面外，線上經營的網店勢必有所突破，網站上投入的心力、文案、照片、售後服務等細節，直接反映了生意的興隆與慘澹。

面對激烈的市場競逐，來龍唐裝一方面替數家百年老字號品牌做設計，另一方面也不斷研發新產品，取得專利，以精細做工之高品質服裝，深耕中式男裝市場。在網路購物盛行的今日，如何整合實體與虛擬店鋪，儼然成為相當重要的課題。來龍唐裝透過網路行銷擴大產品知名度，加強消費者對產品的了解，吸引顧客走進實體店鋪。陳春龍先生表示，網路促銷的手法雖能吸引顧客上門，但實體及網路店鋪的價位宜齊平統一，才能鞏固市場定位，奠定品牌價值。

「誠懇，是最佳的行銷方式。」近年來，全球知名大企業如麥當勞、TOYOTA在拍攝廣告時，皆採取感動行銷之策略。當顧客對廣告引起共鳴，產品能順勢成為話題，創造商機，成功增加銷售額。感動行銷屬於創意行銷的做法之一，以感動人心的手法呈現真人故事，引起角色共鳴，讓顧客對公司留下美好印象。訪問期間恰值新春拜年，筆者打開了微信連結，「來龍，給您拜年！」，觀賞這則由顧客真實故事改編的影片，博感情的溫暖行銷，勾起我內心深處的回憶，深受感動。

「開啟好感的第一印象是，服儀塑造的形象魅

來龍拜年影片中兒子為摯愛的父親獻上的禮盒。

力」。形象要顯得優雅，衣服質感很重要。根據場合穿搭衣服，是一種尊重彼此的表現。2001年在中國大陸上海舉行的APEC會議上，各國元首們穿著中國大陸傳統服飾唐裝拍合影，國際知名導演李安在金球獎典禮上兩度穿著唐裝上台接受頒獎，大馬首相納吉穿著唐裝出席十幾場拜年活動，中國大陸國家主席習進平在美國總統奧巴馬舉辦的國宴上穿著唐裝，由此可見，傳統的西服與中國大陸的唐裝皆為正式服裝，內斂高雅的唐裝不僅突顯沉穩莊重的氣息，更散發著中華文化的光芒，在舞台上亮眼奪目。

唐裝的起源有兩種說法，一為唐代人士的服裝，另一則為唐人街華人穿著的中式服裝。在中國大陸的歷史上，唐代盛世聲名遠播，因此外國人稱呼中國大陸人為唐人，海外華人居住的地方為唐人街。然而，自從2001年10月21日上各國元首在上海APEC會議穿著一套重新設計的中式服裝後，唐裝一詞蘊有新的涵義，相對於西

式服裝，唐裝是中國大陸傳統樣式的服裝，亦為「中式服裝」之通稱。經過重新設計，並在海內外掀起熱潮的唐裝，是從明代對襟衣、罩甲以及清朝時期的馬褂發展而來，特點是立領及盤扣，主要有偏襟和對襟的型式。

「現代唐裝，是結合傳統工藝與現代潮流的作品」。來龍唐裝使用的面料是國家非物質文化遺產的香雲紗、棉麻、再生纖維等對人體比較好的質料，透過精緻勻稱的尺度，手工縫製盤扣，保留傳統文化。

來龍品牌原創中老年唐裝，款式寬鬆大方，適合出席休閒的場合。以香雲紗為面料，中式立領貼合頸部，衣門襟為圓潤寫意的傳統盤扣，深紅色翻袖，口袋是線條流暢的立體繡花，突顯濃厚的民族色彩。

來龍品牌原創中老年冬季長袖毛呢外套。以進口澳洲羊絨材質面料製成，中式立領，盤扣夾帶防滑珠的專利設計，保暖防塵，穿起來彈性舒適，散發出高貴典雅之氣息。

來龍品牌家庭親子裝，適合全家出席喜慶場合及新春拜年。以再生纖維面料製作，袖口撞色香雲紗鑲嵌，下裡開衩設計，喜氣洋洋簡潔大氣。

來龍品牌中年唐裝，典雅內斂的設計款式，呈現的高雅質感。

來龍品牌親子唐裝，以棉麻為質料，休閒活潑的款式，散發著團結和樂的氣息。

陳春龍先生穿著湖水綠棉麻及精細牛仔布料裁製而成的生活化唐裝。

　　「以自營為方向，未來將設計女性唐裝款式，以多元管道開闢市場。」親切和善，虛心學習公司創辦人陳春龍先生，大方分享自己創業的心路歷程。來龍唐裝始於文化，形於產品，用於生活的產品精神，在成功的道路上，靠著眾人支持與共享的價值信念，一步一腳印的迎向曙光，展望未來能打造中國大陸服飾業的盛世圖騰，在國際舞台上綻放靚麗的色彩。

勇敢跨出第一步

　　「創業的風險很高，放手一搏的勇氣是成功不可或缺的關鍵因素。」台灣自1949年起，將民生為主的紡織業列為經濟重點發展項目，當時的工資低廉，競爭對手

少，紡織業逐年成長茁壯，在1970年代發展為涵蓋紗、布、代工及成衣，連貫上中下游的完整產業體系。然而，在產業轉型速度不及全球市場蛻變速度的情況下，長期的貿易順差、台幣對美元升值、勞工薪資提高，造成外銷競爭能力降低，促使台灣的紡織業、成衣服飾業、皮革等外移至泰國、馬來西亞、印尼等地，開始面臨產業走下坡的危機。自1978年起，大陸採取租稅優惠措施及對外經濟開放的政策，在政治經濟的背景因素驅使之下，1985年代起，台灣企業掀起一波海外投資的熱潮。大陸具有廣大充沛的勞力、土地、原料及市場，能降低成本，提高利潤，並享有歐美外銷市場的優惠關稅，陳春龍先生的父親在這波熱潮中前往大陸服裝重鎮設廠，可謂是敏銳的判斷力，掌握成功的契機。

「品牌，是產品的靈魂角色。」2001年，中國大陸加入WTO，陳春龍於此年創立了來龍唐裝，當時的中國大陸市場已由業者前仆後繼的試場轉變為成千上萬業者競逐的戰場，為能使企業存活，勢必在經營管理上要做變革與創新，跳脫批發接單，自創品牌，正是靈活布局、應變動態市場的關鍵。

超越產品生命週期的限制，秉承傳統再現創新

雖然陳春龍從小就接觸家族事業，知道未來會走向薪火相傳的一條路，但在品牌初創期仍遇到不少困難。

隨著科技變革與資訊日漸充裕，大陸的員工與消費者也因市場競爭，導致產品與工作供過於求的現象，種種因素使得消費者討價還價的籌碼大增，員工及經銷商也有各種工作選擇和跳槽的機會。面對危機及服裝業者相繼倒閉的壓力，來龍唐裝及時調整策略，在銷售方向作了重大變革，設法調度資源投入終端銷售，直接將產品銷售至消費客群身上，成功地化危機為轉機，在挫折的歷程中成長茁壯。

隨著大環境變化與競爭的惡化，產品供過於求、仿冒盛行，本土企業又秉持著人脈及錢脈的優勢，市場歷經成長、飽和、成熟與衰退的階段，促使台商面對接踵而至的困難，一成不變的下場是被其他業者相繼取代，而創新模式成為唯一的生路。

創新途徑無限寬廣，產品從無到有，從試場到工廠，從工廠到戰場，市場發展一日千里，仿冒品盛行，產品的生命周期也越來越短，在這種情況下，專利保護也越形重要。

「別人廉，我則新，同質相煎，異質勝出」。發明專利及設計專利的本意是為促進技術升級，握有專利除了可以讓廠商在面臨專利訴訟時有更多談判籌碼外，也可以有效的防堵對手進入市場。來龍唐裝自2010年起，將防滑式盤扣、盤線外觀設計、夾層帶防滑珠等商品款式送交大陸國家知識產權局，於2013年通過實體審查，

相繼取得專利書，使產品受到保護。研發創新是企業開創新局與維持市場的最佳利器，多數成功的企業透過專利授權，保護產品，擊退對手，鞏固既有市場。因此，研發人員自身必須熟悉專利，並瞭解如何活用專利，創造專利，才能與企業攜手永續邁向成功之路。

新的行銷通路與品牌意念傳達的管道

在科技日新月異及各項資訊快速流通的今日，消費者在挑選服飾的選擇也越來越多，更加精打細算，致使全世界的服裝供應鏈逐漸朝向快速反應市場需求的方向發展。由於消費者需求主導力的增加，使得密切接觸消費者端而能掌握需求的品牌商或通路零售商在供應鏈上逐漸取得優勢，西班牙的ZARA，瑞典的H&M，日本的UNIQLO皆為成功的例子。

「媒體傳遞生活、生活帶動需求」。大型百貨、購物中心與品牌專賣店具有舒適愜意的購物環境，週年慶銷售額屢創高峰，而網路購物打破時間、空間的藩籬，在消費市場中趁勢升起，成為消費者購物的重要管道。據資料顯示，在網路購物盛行的當代，全世界各大知名品牌仍然不斷開拓實體店進攻市場。透過門市櫥窗的展示及提供顧客諮詢與試穿之服務，實體店面可使顧客直接感受服裝的真實觸感，拉進與消費者之間的距離，樹立品牌形象，提高銷售量。

大型品牌透過部落客提高產品能見度，透過感動行銷引起顧客共鳴，透過社群網站行銷品牌特色，透過email行銷鼓勵客群回訪，由此可見，未來的品牌行銷將不只限於實體通路，企業在確立品牌定位後，應善用網路快速傳播的特性傳遞品牌設計意念，與消費者建立良好的互動關係。

展望未來，中式服裝走進大眾時尚

「文化，是生活的軌跡。」在提倡維護傳統，文化多樣性發展的今日，各國紛紛興起懷舊風潮。在歷史與文化的交疊沉積之下，西方的服裝代表為西服，日式服裝代表為和服，而漢族的服裝代表，便是唐裝。雖然未來十年的服裝潮流裝趨勢仍以西方為主，但中國大陸對服裝的認知和設計水準已逐步提高，實力不容小覷，屆時對國外市場的依賴性會大幅降低。另一方面，隨著中國大陸在國際地位的提升，相關的文化、傳統服飾在在國際舞臺上的能見度將會大幅提高，或許在不久後的將來，中式元素的服裝會延伸到生活上，走進大眾時尚。

中式POLO衫之五行門襟系列

中式立領　五行扣條　手工盤口
濃濃的中國情應運而生
祥雲出袖　象徵淵源共生
和諧共榮的東方智慧

来龙 中国情

中式立領筆袋

體精緻有型 落落大方的小立領
簡約實用 嚴謹與浪漫融合
彰顯民族特色

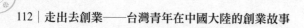

互聯網健身，上門服務，

現代Ｏ２Ｏ創業背後的打拚故事——

專訪太極虎

創始人　林柏偉

【撰寫人：連修偉、侯俐瑄】

在外工作忙碌了一天，甚至一週了，想要去健身又不知道健身房的課表，想要出去做做推拿放鬆，又是有心無力，甚至還有一堆的家務要做，要教小孩唸書，想要享受生活往往無可奈何。現在只要用手機簡單點選操作，就可以知道附近所有健身房的課表、就會有阿姨上門處理家務、就會有名校教師來輔導小孩做功課、就會有專業推拿按摩師上門為您進行推拿調理身體！太極虎app打造優質線上平臺，讓所有人都能透過網路即可安排自己的便利生活，專業的家政阿姨，優秀的教師、推拿按摩師等到府服務，迎合每個需要服務的顧客，而這項嶄新體驗背後的推動者是來自台灣的林柏偉，這個外型溫文儒雅，謙遜有禮的青年，卻有著與大多數的台商第二代青年截然不同的人生閱歷，他對於開創事業細心踏實的態度與不辭辛勞的付出，更能夠提供給有心創業卻苦無背景支援的台灣青年鼓勵及借鏡，相信在閱讀完他的故事後，大家也能從中感受到他的誠懇與認真。

對許多未經世事的年輕人而言，創業往往是一個異想天開的夢，不少人因為害怕挫折而選擇逃避，但創業這條路所蘊含的信念以及實現夢想的可能性，卻吸引了林柏偉，內心熱血的他願意克服困難朝向夢想前進，打出一片屬於自己的天空。近年很多成功的創業者都曾經在訪問中提到，創業的過程往往比他們想像中困難許多，而最終成功與否仍屬未知數，但他們也都會強調創

圖一　太極虎部分團隊成員合影

業最重要的不是結果，而是賺到了寶貴的經驗，正如富
比士雜誌發行人——邁爾康・富比士所說過的話：「到
達終點很棒，但過程總是最有樂趣的部份。」相信收穫
這些經驗的林柏偉，也將他生命中所經歷的考驗化為創
業時的寶貴建議，讓他能夠在創業的過程中風雨無阻勇
往直前，逐步走向成功的人生道路。

傳統服務業結合互聯網　創造消費市場新平台

隨著現代生活水平的提高和醫學知識發達，人們自
身的生活的方式也在逐漸進步。數位時代的演進和通訊
技術的革新，傳統產業結合數位科技的成功案例如雨後
春筍般隨處可見，在這股浪潮下不僅讓國內傳統產業開

創新的經營模式，也帶給林柏偉創業的契機，他運用O2O離線營銷的概念套用在傳統服務上，並因此打造一個上門服務品牌：太極虎，並開發出基於移動互聯網的iOS，Android，微信（WeChat）的app和通路。

　　健身行業在大陸各地正處於興起階段，也是目前乃至未來五至十年一個不可低估的經濟增長點。遍地開花的健身機構和各種類的健身教練是太極虎健身模塊經營的主要內容。太極虎app在開發健身專案之前對各地的健身機構管理人和健身教練的需求分別做了大量的調查，集成了幾乎所有本地區健身機構和教練的綜合需求，由此開發出達到客制化要求的平臺，前期將免費開放給一些達成合作意向的機構和教練使用。健身機構可以在平臺上發佈他們的簡介，項目和課程，並可由太極虎定向銷售健身卡，他們的會員不需要再特意去健身房就可以瞭解最新的活動和課程。健身機構可以由太極虎客流的走向重點開發需求大的專案，實現資金流的有效運用，並借助太極虎的宣傳，將自己的品牌廣而告之，吸引就近的潛在客戶。健身教練可以在平臺上展示自己，並重點推廣自己的優勢課目。不僅如此，太極虎將在健身模組集成社交功能，因此它將不僅是一個工具，更是一個健身愛好者的社區，他們可以展示自己的健身成果，同相關課程的會員共同交流心得，健身教練可以對他們的會員進行指導和溝通，不斷經營自己的優勢，

也將促使他們將粉絲帶到平臺上來，帶動健身模組客流量的提升。太極虎健身模組還有一個強大的組織功能，共同運動或健身愛好的人群可以自行組織活動，現有的組織模式是發起人在某社交軟體建立活動，需要參加的人群在裡面利用報名和接龍的形式來確定是否參加，由於聊天記錄的不斷更新翻頁，組織者很難統計，現在他們只需要將建好的活動連結發送到社交軟體就可以將他們導入進來，並在上面報名，交參與金即可，非常方便。此專案的主要盈利模式是向客群銷售健身卡，並向銷售運動工具的供應商和運動場地供應商收取廣告費，後期將增加收費會員制。

圖二　南方日報和香港大公報的專版報道

　　互聯網的高速發展和懶人經濟的不斷增長，一系列的上門服務越來越被大眾所接受和喜愛。健康的關注也水漲船高，讓上門服務產業成為一種生活中必要的需求，在高度發展的都市中，上門服務已經進入產業化的規模，服務流程的標準化及透明安全的交易過程都成為創業者發展的核心重點。以上門推拿為例，目前在全中國大陸的推拿按摩產業中，實體店面大約在80萬家左右，每年成交額保守估計至少是2.4兆元人民幣，除了廣大的市場潛力之外，消費者對於店面較高的黏性與驚人的消費力也是這個產業的優勢所在，對於準備新加入這個市場的競爭者來說，要吸收既有通路消費者的方法除了在價位上做出差異，勢必要發展其他的優勢才能有所突破。

　　一般人所認知的印象中，像推拿按摩服務都是必須要到會所或是商家內進行消費，如今智慧型手機的普及，提供在地化服務的品牌可以提供讓消費者不用出門也能享受到的服務，當大環境預期互聯網會發展到極限的時代，傳統服務業必須走向新的發展路線—「顧客在哪裡，服務就要去哪裡。」依靠數位化平臺創造的第四空間，便是上門服務產業尚未發展的新出路，數位媒介對大眾生活狀態的影響與日俱增，藉由林柏偉的創意和努力之下，他把這個時代特徵迅速地融入到產品和服務之中，使傳統服務業走出原本商家的四面牆之外。現在東莞地區的民眾可以透過太極虎app的介面選擇就近的健

圖三　2015年東莞國際創客嘉年華路演嘉賓

身房、健身教練,推拿服務及自己喜歡的推拿技師,並下單給選擇的服務人員主動上門服務,在家中就能享受到專業而高品質的推拿體驗,而且服務品質並不會因為更換場所打折扣,讓大家再次看見傳統服務業與數位互動科技結合而煥然一新的成功案例。而在不久的將來,升學教育和上門家政模塊也將陸續開發並投入運營。

釐清推拿產業發展困境　重新定位品牌方針

林柏偉在創業前便針對中國大陸上門服務產業O2O模式發展的營運現況深入了解,他發現大部份平台都是

將營業方向設定在衝高營業額和擴張服務範圍兩項，企圖將產品營造出適合熱錢進場投資的氛圍，但在大量資金進場後，隨之而來往往是因為嚴重管理不足降低服務品質，消費者不斷流失而導致全盤失敗，在平台規模較小時這些缺陷可能不明顯，伴隨時間推移，平台營運及管理手法上的疏失，很快就會使O2O產業格局重新洗牌，讓消費者不斷在市場中盲目流動。林柏偉也提出他個人的看法，他認為現在O2O推拿產業發展瓶頸有三個癥結點：

1. 未鎖定目標客群：當領導者對於目標客群定位不明確，所提供的產品及服務就不會是針對主要消費市場，例如免費高額的待金券或低價的RMB 9.9上門服務，可能適合作為吸引人的廣告或促銷，但這些購買體驗的人不見得是未來的主要消費群，當業者恢復原價時，就無法確定他們是否會買單，犧牲利潤反而造成後續業績下滑的效果。

2. 管理模式不成熟：當公司的根基還沒紮穩就急著擴張規模，便如同種子還沒紮根就揠苗助長，乍看之下彷彿漲勢驚人，殊不知只是加速企業死亡的速度，因此必須針對平台、消費者、技術人員有不同的管理原則，才能避免在營運上產生衝突，讓公司落實品質、效率及收益三個層次。

3. 無法自給自足：在發展初期還在入不敷出的情況

下，又為了擴張規模大量提高營運成本，最後只能依靠外來融資挖東牆補西牆，寅食卯糧遞進讓顧客群潰散的進程，失去樹立品牌風格的機會，所以在初期發展時必須保持資金的單純性，且對資金流動嚴謹控制。

林柏偉考量到上門服務產業的現況及前景，他決定從零開始，自己開創具備現代管理特色及人性化的上門服務平台，並改善他所發現的產業瓶頸，同時也打破社會上勞資權益失衡的收益分配模式，創造一個讓消費市場和勞動者雙方都滿意的商業環境。

太極虎app在創辦初期是以O2O離線營銷模式經營，創辦人林柏偉說一方面是考慮到創業資金有限，O2O模式能解決實體店面無法克服的成本難題，但更重要的主因是由於自己過去所經歷過無數的打工經驗，他深刻體悟到從事勞務性工作的勞工在國內不被大環境重視，比如按摩推拿產業，這些勞工每天都必須消耗非常多的

圖四　CCTV 2016年5月中文國際頻道採訪播報

圖五　東莞主流新聞熱點直播

體力與長時間的勞務，但實體通路卻沒有提供這些專業推拿人員相對應的待遇及福利。有鑑於這個產業的勞資權益不對稱，林柏偉與幾位朋友一起討論後決定創辦以O2O離線營銷模式經營上門服務的太極虎app，在正式上線前的籌備階段，他四處拜訪許多在台灣及大陸的業界前輩，他表達自己創業理念的過程中就吸引了許多前輩的興趣，甚至提出願意投資的想法，但他經過審慎思考後卻都──謝絕這些前輩們的美意，因為他說：「在公司做好之前，還不希望有太大的外部資金介入，因為這可能會影響到我的判斷。」而後，林柏偉僅依靠自己當時的積蓄，同時抵押自己的房子向銀行貸款完成了籌備工作，讓實體通路的服務結合線上網路平臺的功能，不仰賴融資生存，確實太極虎app現下的成果印證他當初所堅持的原則，也帶給想創業的青年最實際的啟示。

嚴格篩選手藝人締造高品質　樹立專業品牌形象

太極虎app的創立，除了能提供需要上門服務的客戶便利性，也能讓從事上門服務的勞務工作者拿到相對優質的待遇，而林柏偉也再次強調，太極虎app的營運模式是以讓全職勞務工作者得到更多的報酬為優先考量，帶給專業的手藝人更好的收入跟工作環境，他為太極虎這個平台所設定的目標是希望將所有勞務支出的工作都能在這個平台呈現出不一樣的發展特性，進而以企業的管理模式介入勞務支出的傳統行業，做到流程標準化、制度透明化、平台系統化，並最終達到產業模塊化的階段，打造出高品質的服務性產業風格。

太極虎app上線推廣初期階段，林柏偉發現許多客戶會對上門服務的安全狀況有所顧慮，諸如服務人員的技術、人品、安全及服務細節等細節，他也花了整整半年的時間克服這些會讓客戶擔心的問題，他運用多年來在製造業從事管理職位的經驗和視野，將這些難解的問題逐一擊破，透過研究各種案例的情境及類似項目的發展過程，針對太極虎app設定多種管理制度及方案，除了增加公司營運的效率，更有效消除客戶在體驗服務的疑慮。

其中對於推拿技師的評斷標準，林柏偉也擷取多方管道的資訊，讓他有一定的經驗值判斷，在技術、品德

125

各方面都有嚴苛的審核標準，他首先對手藝人進行嚴格的篩選，手藝人必須要有無犯罪證明、健康證明，同時具備高品質專業技術知識，不能把客戶當公司初期營運的試驗品。「以推拿技師為例，我會優先選擇有家室的以及年紀比較大的，因為他們會更重視這份工作，更有責任感。」林柏偉說，經過這樣的篩選之後，他便與推拿技師共同協議多種福利制度，也安排員工繼續在職進修領取執照，促使推拿技師得以跟公司共同成長，盡心盡力跟公司一起將服務做到最好，這樣的做法除了解決客戶在購買服務上的疑慮，也讓公司的服務品質獲得保障，有別於唯利是圖的市儈商人，林柏偉之所以能夠讓太極虎app不斷進步，就是因為他希望透過細節的展現，樹立上門服務專業、正規、健康的形象，將台灣服

圖六　CCTV《華商論見》欄目專訪

務業的細緻貼心推廣到大陸地區，傳遞台灣人積極而充
滿熱忱的態度。

保障勞動工作者權益　發揚品牌精神貢獻社會

目前太極虎app團隊成員都是林柏偉熟識的管理人
才，在公司前景看好的趨勢下，他期待未來能將服務範
圍擴大發展至其他都市，而在產品服務內容的體現上，
首先是先將每一種服務發展至成熟，不求快速擴張而
是以穩健的態度邁向零投訴的願景，並在技術人員品
質穩定的情況下再依實際客戶分佈的區域去擴點，降低
通路的成本。其次是為太極虎建立推拿品牌價值與社會
形象，透過媒體讓更多人認識太極虎的品牌精神，吸引
其他平台客群的注意，使每個分佈點都能有穩定成長的
消費族群及良好務實的評價。當這兩個品牌的核心宗旨
完成後，他計畫下一步能延伸至推拿保健意外的其他服
務性工作，並研擬與弱勢團體合作，運用現行推拿，健
身服務模塊發展的模式及經驗，將太極虎O2O營銷模式
結合升學教育市場以及家政服務，這兩項服務也都是目
前在市場上等待開發的領域，太極虎的願景是希望能用
這個平台照顧到這些認真、專業且"負責的"勞務工作
者，並且能在這個模式下培養這些專業人員成為公司未
來的管理幹部，進以達到當專業勞務工作者年長或在身
體無法再承受勞務工作後仍然有穩定收入，在這樣深刻

關懷地方人文的理念下，太極虎的規模也會隨著時間成長，屆時就能照顧更多認真的勞務工作者，令人期待未來太極虎能將品牌深耕於市場，向全中國大陸發揚自身理念，並改善當前企業文化，為華人世界塑造優良推拿品牌的絕佳典範。

圖七　林柏偉受邀參加共青團委舉辦的創業沙龍作為創業導師

深入社區奠定收益基礎　尊重專業增強品牌行銷力

　　從太極虎app成功推動推拿按摩產業O2O模式的過程，可以歸納出一些特性是有別於當下的產業操作模式。首先是在企業經營層面上，太極虎在發展過程中並未追求快速規模化，而是先將既有市場鞏固，使太極虎app能夠深入滲透社區，以達到收益來源穩定，將前期投資的成本回收；其次是服務品質的管控，太極虎運用嚴格標準篩選推拿師傅，才能保證讓消費客戶每一次體驗都滿意，也因此能夠從業界許多品質不穩定的品牌中脫穎而出，獲得消費者信賴；最後是對勞動工作者與專業技術人員的尊重，太極虎內部從事推拿按摩服務的師傅雖然必須經過嚴格篩選，但卻能享有比外界更好的福利和工作環境，保障公司服務品質的同時也能體恤

勞動工作者，尊重專業的作法讓太極虎的品牌價值相得益彰。上述三點讓太極虎突破現行國內推拿按摩產業的瓶頸，也適合提供給未來想加入這個產業的創業者也參考，為推拿按摩市場開啟新的事業版圖。

圖八　2015年太極虎參展台博會

不畏逆境把握所有機會　林柏偉號召青年實踐夢想

　　從林柏偉在經營事業的態度和開發市場的智慧，都讓大家思考是什麼樣的環境培育他睿智而有遠見的視野，在訪談過程中得知，林柏偉的成長經歷不同於大多數的台商第二代青年，雖然父親同樣在大陸地區經營家族事業，但由於許多因素，使林柏偉從小就與父母分居，在台灣與外婆同住。林柏偉自學生時期便不畏辛苦在各行各業努力打零工，曾經在路邊擺地攤、在餐廳端盤子，在各種特殊場合所累積的工作經驗，都造就他面對生活努力不懈的心志，後來也因為他在工作上的傑出表現被公司轉調到昆山的台資工廠，而後一待就是七年的歲月，這個時期讓他積攢了十幾年的廠務經驗，如今在他過往韜光養晦的作用下，讓他獲得一家港商公司重用，在東莞的科技大廠擔任重要的主管職位。從他的經歷我們可以發現，勇於挑戰環境並超越自己潛力是林柏偉最大的特色，也是現在所有青年都值得學習的榜樣，身處在物資豐饒、資訊爆炸時代的我們，更應該效仿他把握機會，為社會貢獻自己的力量。

　　和出身富裕家庭的青年相比，林柏偉的人生經歷許多坎坷和挫折，但他從不因遭遇困難便浪擲生命每一分機會，他總是比別人付出更多的時間跟努力向這個世界證明自己的能力。在訪談過程中他發自內心的說：「我

很感謝每個生命歷程中的人，他們讓我更加努力、珍惜現有的一切。」確實我們從他創業的過程中深刻感受到他從不輕言放棄的價值觀。林柏偉也在訪談中提到，家人是他最好的支柱，他的故事中我們看到一個為理想堅持、為事業奮鬥的父親，他也鼓勵台灣的青年，只要有夢想就一定要努力去實踐，即使沒有背景或資源支持，也要在追尋夢想的道路上堅持到底，無論未來發展如何，就如同到訪談的尾聲，他拿著兩個孩子的照片眼神幸福而微笑著跟我們分享，「對我來說，這就是我人生最大的成功。」相信未來，他一定能夠持續打拼，在廣闊的市場開創一片屬於他的天地。

圖九　林柏偉及其家人

「人生就是一場
學習愛與被愛的旅行」——

撰寫人：連修偉、侯俐瑄

樂遊遊
創辦人　薛凱仁的創業故事

人的一生會投注三分之二的時間在工作，若這是一份無法激起你熱情的工作，我想人生注定苦悶乏味。

「旅行就是找尋自我生命美好必要責任」

2010年，奧斯卡影后茱莉亞羅勃茲演出著名小說改編電影「享受吧！一個人的旅行」，完美詮釋汲汲營營於現代文明中的現代人對於個人心靈生活品質以及對於自我生活態度再追尋的渴望，而劇中名言「當一個人想要重新定義自己和要追尋什麼樣的人生時，他們就會展開一段旅程，擁有生命的獨特片刻。」更是深深響影了當時絕大多數的觀眾，更甚者在同年度的台灣天下雜誌也深度撰寫了關於青年在社會就業前的壯遊體驗，以及壯遊帶給年輕人的生命態度與工作轉變。薛凱仁將旅遊做為創業起點，希望每趟旅行的規劃帶給消費者獨一無二的旅行體驗。

「每段旅行都是獨一無二的。」

「根據臺灣媒體報導，2014年中國大陸遊客赴臺灣旅遊人數達到393萬人次，其中自由行增長明顯，同比增幅達到125%，赴台自由行人數仍在持續提高。」，對於自然資源相對缺乏的台灣來說，觀光產業已經成為台灣近年來的新經濟命脈，來自臺北的薛凱仁，從學生時代對於旅行便很有自己的熱忱跟想法，因此開始了他的背包客自助行旅程，對他來說比起跟團的既定行程，他更愛好探索旅程當中專屬自己的私密景點，享受背包客的自由與美好。而在臺北大學會計系畢業那年，經驗豐富

的他更是自告奮勇為全班策畫畢業旅行，讓大家享受比起帶團沒有的特別旅行體驗。「沒有人是不喜歡旅行的。」他認為每個人都需要旅行，但每個人都適合不同的旅行主題。愛冒險的享受背包旅行；需要放鬆的希望可以有美食美景，青菜蘿蔔各有喜好，但是最重要的是要讓這趟旅行在旅遊者心中留下一句話，那就是我已經開始期待下次的旅行，如此簡單而已。

「旅行當中有比逛紀念品店更重要的事」

因緣機會，薛凱仁因自身學習專業在2007年前往中國大陸東莞虎門擔任電子業財務主管，在大陸七年的工作經驗，薛凱仁看到到許多大陸朋友在中國大陸內地以及赴台旅行的趨勢跟需求，同時隨著大陸的經濟成長，消費者對於旅行的要求也日新月異。大陸朋友最常抱怨的旅行問題便是逛紀念品店或是與旅遊團有密切合作的特約商店，因為在長途旅行中，有很多消費者其實是不

願意去消費的。薛凱仁表示「我自己作為背包客最討厭的就是被限制一定要進去哪間店參觀，因為對於背包客或是難得來旅行的朋友來說有更多比逛紀念品店還重要的事情。」，薛凱仁也觀察到由於整體經濟成長，許多大陸朋友對於台灣自由行的興趣更是逐年上升，而且隨著生活水平的提升，許多遊客更傾向於個人客製化的行程，而非旅遊團的套裝行程。在繁忙及龐大的現代工作壓力下，每個人都需要自己跟旅行專屬的時間好好放鬆自己，這也是薛凱仁決定從旅遊開始創業的起因。

薛凱仁分析到中國大陸的旅行商機有時間、時代，兩大「雙時」因素影響，時間是指中國大陸旅行旺季一定是配合幾個大型國定假日到達尖峰，例如：十一長假，農曆春節；而時代則是代表中國大陸各年齡層隨著經濟起飛對於旅行的要求與定義的成長，對於叔父輩，旅行是身分地位的一種象徵，因此絕對是以家族或是跟團行程為主；而相對於現在的80或是90後的中國大陸年輕人，三五好友或是專屬自我的背包客探險反而更吸引他們。

「如果可以，我希望人生2/3的時間是快樂的。」

當時，已在大陸有著穩定工作的職涯發展的薛凱仁，雖然已經窺伺到這逐漸崛起的龐大觀光商機，但也面臨到最現實的考量，一邊是已經建構好的職涯舒適圈；但另一邊是從零開始的創業，如果失敗可能什麼

都沒有，但最後讓薛凱仁下定決心的也僅僅是內心浮現的一句話：「如果可以，我希望人生2/3的時間是快樂的。」薛凱仁意識到旅行這個行業能帶給人們很多東西，並且同時能使自己學到很多東西。於是會計背景的他毅然決然決定辭去工作，開始他的創業之路。

下定決心的薛凱仁，透過自己在過去不斷的旅行途中累積豐富的相關資源跟經驗，找出現有旅行社在帶團出現的最大盲點：他認為目前傳統旅行社的赴台行程大多千篇一律，並沒有客製化的景點，也缺乏主題式的行程。薛凱仁說旅行其實是個策劃產業。如果在策畫上沒有自己獨特的主題產品，沒有研發的能力，那麼它

一定無法永續發展。因此他希望自己創的旅遊品牌精神便是自己對於旅行的座右銘：「人生就是一場尋找愛與被愛感覺的旅行；每一次旅行也其實就是一次人生的縮影。」，樂遊遊的品牌里程便從此刻誕生。

　　因此，薛凱仁在創業最初期是以旅行規畫者的角度切入，回想自己如果跟團或是當背包客會想參與怎樣的行程，同時也與之前共事過的大陸同事做深度訪談。最後發現以台灣旅遊而言，深度自由行反而是最能吸引跟團或是背包客參與的行程，當確定好策略走向後，進而以發想主題開始，薛凱仁設計了各式各樣的台灣主題行程，同時根據自己的經驗將行程配包裝，例如：

1. 以輕鬆戶外主題號召的溫泉、美食、溯溪、登山
   行程。
2. 以深度文化主題號召的蔣家文化、兩岸歷史行程
3. 根據四季季節安排不同的行程，如：春遊嬉戲、
   盛夏光年
4. 根據年齡層不同，設計文創、追星、藝術之旅

　　最初，樂遊遊主要目標客群是以年輕族群為目標的主題，身處行動網絡年代的薛凱仁更是瞭解背包客在旅行規劃前除了旅遊書與同儕好友交流外，最重要的就是行動網絡的旅遊資訊取得，因此樂遊遊在創立當下便注重整體網站的呈現風格，薛凱仁表示之前中國大陸曾經拍攝一部經典飲食文化紀錄片「舌尖上的中國」，樂遊遊網站以此為靈感，將互動網頁呈現「手機上的台灣」，將台灣的特色美景融入在智能手機螢幕上，透過不停的翻動吸引年輕人點閱，並透過微博、微信等公眾

平台宣傳，讓樂遊遊迅速在中國大陸年輕族群及背包客群中創造口碑，打下成功的基石。接下來再與大陸各地企業及店家合作，透過各種管道宣傳，很快地將基礎穩固，在短短的一個月內已打響知名度。

「量身訂作最佳的旅行」

　　而在基礎立好後，薛凱仁進一步確認樂遊遊的目標客戶鎖定在不想跟團，想自由行卻又因為時間有限又不知道怎麼安排的族群，樂遊遊平台會根據客戶需求，透過商務邀請，四人成團，為大陸遊客解決限制重重的簽證問題，量身訂作最佳的赴台行程。這便是樂遊遊與其他旅遊網服務差異化的第一步，薛凱仁指出由於中國大陸的人口眾多，創造專屬化已經是中國大陸消費者非常重視的一環，所以樂遊遊要讓每個消費的客戶都能感受到截然不同的專屬感受，進而培養出品牌忠誠度。除了規劃行程之外，樂遊遊主打每一趟主題旅行都會搭配當地旅遊達人，有別於傳統的領隊或導遊，樂遊遊的旅遊達人跟全台灣大專院校觀光旅遊系合作，嚴格挑選年輕有活力且有專業證照的學生族群作為旅遊達人團隊，由旅遊達人推薦最道地好吃又好玩的行程，針對主題市場，安排精緻特別的旅店，並帶領客戶像朋友一樣的享受主題旅行。對此薛凱仁指出台灣的旅遊領隊人才放眼全球絕對有競爭前三的實力，特別是台灣特殊的海島文

化,讓台灣出產的背包客或是導遊人才對於各種文化可以更迅速的適應,然後以更舒服像是朋友寒暄的方式讓旅遊客更能體會台灣文化與景色的純、真、美、善。這與一般的跟團行程或是制式導覽有非常大的不同,同時也是樂遊遊服務差異化的第二步。而薛凱仁也本著產學合作與鮭魚返鄉的精神希望可以將這些大專院校的人才培養起來,讓更多人透過樂遊遊網絡更加認識台灣,也讓更多台灣菁英可以被世界看見。

「選擇樂遊遊等於體驗一場完美的旅遊紀錄片」

架構都完善了,但如何全面推廣到市場,薛凱仁表示這的確是當前最大的難題。「我們有一個好的產品,要如何讓人家知道?」薛凱仁努力尋找更多更好的資源,由於初期資金有限,每一分錢都要用在對的地方,投對的廣告。薛凱仁希望讓最需要樂遊遊的客戶體認到樂遊遊的品牌精神與服務近而更加認同,口碑行銷或是病毒傳銷都是近年來成功的案例,但薛凱仁更重視情感行銷帶來的威力,一部感人肺腑的影片、一場旅行或是一個創意帶來的商機往往無法忽視,但創始的概念卻又是如此的純真與直接,薛凱仁期許樂遊遊未來的整體行銷策略是直接讓消費者可以體驗樂遊遊的品牌精神,「人生就是一場尋找愛與被愛感覺的旅行;每一次旅行也其實就是一次人生的縮影。」

　　進一步分析目前樂遊遊的目標客戶鎖定在大陸市場，儘管團隊成員都來自台灣，薛凱仁認為，台灣人目前已沒有技術優勢，但是價值觀跟態度有優勢，而相較於台灣的創業環境，中國大陸有大量的天使投資人，政府政策也大力支持創業，整體環境對於創業的態度的確比較好，他非常鼓勵台灣年輕人勇敢踏出來，掌握創業時機，打拼出自己樂於分享且享受的事業版圖。但同時薛凱仁也提醒願意來中國大陸創業的年輕夥伴目標可以大，野心可以大，但是謹慎絕不可以同步放大，因為每個創業者的背後都是熱愛自己創造的事業成癮的狂熱者，但同時也會遇到非常多的阻礙，在考量自己創業門檻的高低後也要考量中國大陸市場的趨勢，還有中國大陸本土品牌的強烈競爭，絕對要把自己當作一個品牌主理人細心負責自己創造的事業品牌，而出身會計系的薛凱仁也對於預算的掌握非常細心，因為天使投資人的出現得來不易，每一分預算都需要有著最大效益的發揮，他也同時提醒創業的青年朋友，創業就是一場夢想與預算的拔河比賽，如何取得兩著最佳的平衡，考核著每個青年創業者的能力。

　　對於樂遊遊，薛凱仁近期規畫半年內要做好硬體，一年內試運行。薛凱仁也提到，所謂的「好吃、好玩」，不同人的定義就會不同，需求是發散的，未來他會研發遊戲模式，將感受收斂，讓整場旅行像是一場尋

寶遊戲，目的都在尋找愛與被愛的感覺，也會結合科技
產品，讓客戶了解每個景點的故事，尋找一個正能量價
值觀，而非只是具體的好吃跟好玩。

　　他也希望透過正規的旅遊平台，讓大陸的消費族群
到台灣本地店家消費，能真正為台灣的觀光發展，透過
旅遊產生後續的產業鏈效應。向現有旅遊平台學習，未
來希望可以成為中國大陸自助旅行業數一數二的品牌。
樂遊遊，希望能帶領人們快樂享受人生這場旅行。

都市叢林中的品茗聞香——

專訪Au79黃金地

負責人 李彥樺

撰寫人：趙柏宇

茶，中國文化中最具豐富特色的飲料，隨著時代演進與東西方飲食文化的精采碰撞下，茶飲商機已變成一個無法忽視的巨型市場，根據美國有線電視新聞網（CNN）2011年舉辦「全世界最好喝的飲料」調查，茶榮獲前五名的殊榮，而風靡歐美市場的台灣珍珠奶茶，則擠進世界最好喝飲料第二十五名。中華文化正透過茶這項風格獨特的飲品進行最聞香的茶飲外交。而今天我們要看的是佇立於廣東深圳都市叢林大都會中獨具一格的飲品店Au79黃金地的台灣老闆，李彥樺。

AU79系列茶館大事記

　　AU79黃金地由世界著名的天仁茗茶創始人──李樹木的第四子李瑞誠所創。天仁茗茶是世界最大、最著名的茶製造商之一。李瑞誠希望他的孩子們將繼續經營高品質茶葉的家族事業。

1. 1998年在加州阿凱迪亞市（city of arcadia）成立第一家AU79黃金地茶館──AU79 tea house。Au79黃金地茶館只提供最優質的茶，李瑞誠精心挑選茶葉創造各種不同口味和香氣。適合每個人獨特的口感。

2. 跟隨父親的腳步，李瑞誠的子女開始運行Au79黃金地茶館。他們很快就在加州另一個城市聖

蓋博市（city of san gabriel），成立第二家茶館
──AU79 tea spirit。

3.2012年，帕薩迪納市（old town pasadena）成立了
第三家AU79黃金地茶館──AU79 tea express。

4.2015年，AU79茶館正式在中國大陸東莞成立
──黃金地，東莞AU79傳承美國AU79茶館對於
茶的堅持，將水果，花茶結合茶葉成功研發花香
烏龍茶系列，把全新自創手調茶帶進中國大陸。

兩岸傳奇茶王家庭，注定與飲品結下不解之緣

談到李彥樺，大家可能對於他們家族創立的「天仁
茗茶」更富印象，彥樺也不諱言因為家裡經營茶葉企業
的關係，讓他從小就在茶香的環境成長，注定與飲品結
下不解之緣。而隨著家族企業的茁壯，他也對飲品市場
充滿興趣，在家人亟欲培養企業接班與企管知識下，彥
樺踏上了美國的求學路。

東西方飲食文化的碰撞，如何讓美國享受東方茗香

回憶起剛到美國時，李彥樺對於飲食文化很不適
應，他表示：「你可以想像可能三餐都是西式的快餐，
不管是份量或是高熱量的飲食，特別是美國對於飲品的
選擇雖然非常多，但多半是濃縮飲料，讓我一開始非常
不習慣。」

（圖片引用AU79 facebook）

　　地域廣大的美國並沒有像台灣這樣方便的茶飲飲料店，很多人是以汽車作為代步工具，因此李彥樺在高中期間透過與同學的交流及利用課餘時間旅遊的空檔，觀察美國人對於「健康飲食」的需求。李彥樺表示可能是在家族企業下培養的商人性格，雖然美國的大份量飲食是他們的特色，但美國人對於健身運動或是健康飲食的知識卻是領先台灣很多的。再細心觀察，便會發現到扣除中國大陸城內有所謂的茶飲以外，大家對於東方茶飲——茶，認知卻不多，還停留在手搖快速茶飲紅茶、奶茶、綠茶等知識，但卻無法好好體會東方品茗文化的特色，因此從那時，李彥樺心中的商人性格便立志要讓東方著名的茶飲文化在美國立足。

（圖片引用AU79 facebook）

一條龍作業模式，最即時的東方茶飲文化
AU79黃金地立足陽光加州

　　李彥樺表示高中後便與當時已在美國加州開立茶店的父親討論另開分店的思維，他表示在廣大的消費市場中，飲食產業是不容易成功，但也是最容易成功的一項產業，因為"吃、喝"是人們睜開眼睛第一件想到的事情，因為入門門檻不高，因此面對的便是競品競爭的趨勢。李彥樺表示在美國開立店面與台灣遇到的最大的不同便是交通距離及成本，美國一個城市到城市間的距離可能就是台北跨桃園的車程，「你會特別為了一家店或是一杯飲料開一兩個小時的車程嗎？」因此在美國的茶飲店勢必得要將消費者留在店內，而不是外帶模式。

　　有著家族經營天仁茗茶的成功經驗，彥樺特別在茶葉的選購上與父親討論許久，因為對於美國人來說新穎的飲食並不是讓他們可以持續消費的主因，最重要的是良好的品質與完整的飲食氛圍營造，因此除了精心挑選品質優良的茶葉，同時結合西方文化熱愛的水果茶及下午茶點的製作，整合成一間複合式茶館，結合加州慵懶的夏日氛圍，成功的在加州開立的三家AU79黃金地茶飲店面，成功地打響第一炮。

　　而在整體設計面上，年輕的李彥樺也有許多巧思，當初之所以要以太陽作為Logo便是希望整家店舖帶給消費者如加州陽光的熱情，同時也讓整間店透露出陽光的朝氣，讓消費者感受到店內歡樂的氣氛。而身處網路世代的李彥樺對於網路行銷更是有自己一套的見解，他以觀察星巴克的多年經驗表示做複合茶飲除了本身經銷通路外，網路行銷已經變成另外一條宣揚的管道。「為何星巴克咖啡明明有著一定的價格但消費者願意買單，就是因為行銷墊高了品牌的形象，因此AU79在網路行銷這塊絕對需要好好著手。」因此，集團在年輕人最愛用的社群軟體facebook及instagram下足心力，除了一般的產品商攝外，也會針對節慶推出不同的產品，李彥樺分析越來越多年輕人選擇到店消費前一定會參考網路或是企業官網或是粉絲團，產品圖片及文案是否吸引人，有無配合節慶的特別產品，甚至連杯子有沒有設計質感

（圖片引用AU79 instagram）

都會變成消費者在意的因素，任何的細節都是能讓更多消費者光臨AU79的吸引點。

創業"狼"精神，跨展亞洲版圖的前瞻

一帆風順的背後，可能很多人會歸功家族企業的經營，李彥樺表示雖然成長路上許多人都以為他是無憂

無慮的二代，但他會在
美國創業，其實都是傳
承父輩創業的野心，以
及對茶葉飲品的熱愛，
赤手空拳地來美國創了
第一家店，「而且對於
整個李家，我們最不愛
的就是依附在家族的保

護傘下，可能是我們的血液內都有著不服輸的創業精神，因此如果大家有興趣可以去看一下天仁集團的相關企業其實並沒有包含AU79的編制，因為我們這算「創業」，所以說我是小開到有點言過其實了。」而就在美國的茶行完整建立客群與產品差異化後，李彥樺便與家父討論橫跨亞洲版圖的意願，因為他認為亞洲是飲食集團的最大市場，而且他對於飲食的創新從不停歇，「我曾與家父徹夜長談過我的亞洲計畫，其中我希望將AU79黃金地下一個的最佳落腳地便是廣東。」李彥樺表示：「中國大陸有一句俗諺，在廣東除了天上飛的飛機、地上跑的火車、水上跑的船以外，廣東人什麼都可以吃。」，這也是是一個打入中國大陸13億飲食市場的第一步，AU79黃金地的亞洲計畫便是希望以美食之都廣東作為第一個起點，因為當AU79可以在美食之都成功立足，AU79黃金地的亞洲計畫便看到了曙光。

（圖片引用AU79 facebook）

東莞，AU79黃金地的中國大陸黃金夢起點

　　為何選擇東莞作為中國大陸的創店起點？這是我們對於AU79黃金地目前的老闆李彥樺最大的好奇與疑問，李彥樺簡單的表示：「飲食企業得要在最複雜的人口組成的消費場域下生存才能經得起考驗。」李彥樺表示東莞就整個華南地區因為工業、服務業的興盛，外來人口的組成是東莞的特色，對於他來講這複雜的人口組成便是吸引他進駐的最大動機，「因為當你踏入一個陌生的市場的時候，你得要先抓住消費者的味蕾，而這廣

大的複合人口組成便是對AU79黃金地踏入中國大陸的
完美試金石。」

　　李彥樺表示這幾年中國大陸的經濟發展成長穩定，
北上廣更是臨海地區發展完整的一級城市，但是對於飲
食文化的注重還是較為缺乏，「我想要的不是那種酒池
肉林的奢華飲食文化，我想讓AU79黃金地是一個可以
讓所有消費者完整享受美味茶點與輕鬆品茗的完美場

域，我認為這是將港式飲茶文化再提升的一個層次，就像是歐洲我們可能會想到他們的下午茶文化，那中國大陸呢？我希望AU79黃金地代表的是全新的東方茶飲文化代表，因此我們特別傳承美國AU79茶館對於茶的堅持，將水果，花茶結合茶葉成功研發花香烏龍茶系列，把全新自創手調茶帶進大陸。」

食安風暴，未來如何延續品質

而前一段時間延燒的食品安全風暴，也讓我們好奇李彥樺如何維持品管及讓消費者更具信心？但透過彥樺帶領採訪團隊實際進到AU79的製茶環境與產品線供給環節，首先所有茶品的引進均透過天仁茗茶集團的產品引進，並同步放上完整的產品履歷並定期做檢驗，多做這份工，是因為AU79深知唯有最好的品質才可以持續吸引消費者上門消費，「要做就做到最好，這是AU79對於茶飲的堅持。」雖然中國大陸市場不缺低價競品競

爭，但AU79確實做到產品差異化，塑造出吸引年輕人風尚的茶飲風潮，這才是消費者對於AU79黃金地的認同，而放眼近幾年的品牌行銷，而品牌

行銷的一個最大特點就是品管的維持，看看現在任何一個大品牌如果沒有良善的品管，哪來的行銷可言，光是跟消費者鞠躬道歉都來不及了。

展望未來，如何持續創新

而在訪問李彥樺的最後他也給了採訪團隊一個驚喜的小禮物，他表示這個將會是未來AU79黃金地的超級快遞，當打開精緻的盒子後，映入眼簾的是茶點精緻禮盒，我們好奇為何要將這個視為超級快遞？李彥樺表示：「送禮，是中國大陸人的傳統，而茶葉的相關產品更是我們送禮時的最佳選擇，因為他沒有年齡層的

限制，我們看出了每年中國大陸那龐大的送禮市場，而我們最大的競爭力便是良好的品質，具競爭性的售價，還有我們區隔出了場域差異性，因為中國大陸人送禮喜好擠百貨商場，但我們可以直接在AU79黃金地選購，未來也會考量快遞配送，將產品上架網路，透過互聯網及這份超級快遞將AU79黃金地迅速的傳播整個中國大陸，下一步我甚至開始考慮到日本及韓國，還有俄羅斯都會是我考量的範圍。」

在採訪團隊眼中，我們看到的是一個對於自我興趣堅持到底的年輕創業家，憑藉著對於市場的精闢分析以及超人一般的行動力，正在廣東慢慢開創屬於自己的茶葉王國，或許哪天你也可以在東莞這個都市叢林中享受這極致的茗香。

台灣佛教文創第一品牌志氣逐夢——

禪簡生活 創藝佛堂——

盛凡實業

總經理 許嘉豪

撰寫人：侯俐瑄、林文瑈

從平實邁向卓越，創新成為致勝的關鍵。

盛凡三帝典藏

感謝信仰給我扭轉產業的力量

2011年,甫從高雄醫學大學醫藥化學系畢業的他,前往美國哥倫比亞大學、紐約大學短暫進修一年。在這關鍵的一年裡,他選修多元的商業課程,從台灣到美國,再從美國到大陸,視野開闊了事業新局。相較於多數台商二代穩固傳承父業,年輕的他選擇了與眾不同的路,引進文創,扭轉產業版圖。

盛凡實業緣起於1989年,早期從事鎏金佛像生產,2003年到廣東設廠,開業界先驅。2012年底,許嘉豪帶著他一群大學夥伴,眾志成城地踏上東莞這片土地,進入從事佛事用品的家族企業,以新世代的創新思想及勇於挑戰的精神,靠先進技術改善流程,打造品牌年輕化,將「盛凡工藝」從傳統佛像製造業成功轉型為佛教文創藝術。

走出溫室,勇敢冒險

今年28歲的許嘉豪,是盛凡實業的第二代接班人。25歲他第一次回家接班,面對的是大家族親戚股東,23年的傳統手工雕製佛像,一旦手藝精湛的老師傅離職,公司便很難再招到一個實力相當的員工,長久下來,技藝有失傳的危機。

進公司不久後,許嘉豪一方面熟悉公司的廠務及財

務管理，另一方面時常回台灣參加先進技術交流活動，有鑒於傳統產業因喪失競爭力，各種成本不斷提高，生意不敵引進新技術製造的大型企業，他興起了改變工廠產製佛像流程的念頭。當他與父親提及移植國外新技術的想法時，雙方理念不合，產生相當大的摩擦。

「我知道突破很難，但是如果不鼓起勇氣嘗試新技術，公司的發展會停滯不前。」堅持己志的許嘉豪，不畏眾人的反對，回台灣申請一筆創業貸款，將3D技術打印佛像作為一個創業項目，誓言在這個傳統到不能再傳統的工廠裡，實踐自己的想法。

「成功不在於懂得多少，而在於做了多少耕耘」。許嘉豪籌到資金、購置設備後，迫不及待地使用電腦軟件直接建模。無奈的是知易行難，「流傳百年的文化精隨，能用電腦刻劃出來嗎？」，眾人的反對聲浪，反成為他前進的最大的動力。經歷過幾次失敗，他突然想到一個辦法，讓工廠師傅們製作小型的塑像配件，以3D儀器進行不同神情、姿態、身段的掃描。

每一步行走，都有它的理由。許嘉豪一開始挫折連連，在歷經兩個多月後的打印邊磨調整後，成功地達成理想目標，3D打印機不僅大幅提升產品的多樣性，佛像開模也從人工雕塑轉換為機器開模，工作流程由一個月縮短為四天，創新作法終獲得父親的肯定。

面對夢想不遲疑

「有幸恭塑佛像是一種福報，我希望能運用所學，將家族傳承的事業發揚光大，讓佛教文化傳遞到更遠的地方。」

在使用電腦3D打印技術刻劃佛像神韻後，工廠產製流程更加有效率，某天許嘉豪在工廠視察時發現，生產案台時會剩下許多名貴木材的角料，棄之可惜，剩下的木材是否有其他用途呢？

「當你全心全意投入時，創意與靈感自然有跡可循。」許嘉豪笑著分享踏進盛凡的成長歷程，從抗拒到融入，從融入到投入，他很清楚，自己想打造的是產品，而不是模具。有一天，他發現模具剩餘的邊角木材相當具有藝術感，當下立刻召集師傅利用耗材進行加工，再搭配不同姿態的雕塑，製作出另一層次的佛學工藝品，成為年輕族群喜愛的商品。

當產量越來越大，許嘉豪開始嘗試利用先進科技改善生產流程，購買機械手臂及3D列印機器。「利用3D打印技術，將佛像掃描後，打印成模需要2天，手工打磨1天，總共只需三天。而手工生產一般就需3周。」龐大的硬體費用支出，看在父輩的眼裡，一開始是不被支持的，但許嘉豪並沒有因此退卻，也成功的扭轉了父輩的刻板印象，成功將製作時間大大地縮短，品質也沒有

任何影響，因而得到眾人的肯定。

許嘉豪將理想付諸行動，將有限的資源開發為無限的可能，公司成功地接下大量訂單，擴大市場版圖，同時更加快腳步在各地設立專賣店，直接面對終端客戶提供服務。截至目前為止，盛凡在廣州設立總店，在台灣高雄、浙江義烏、湖南長沙、安徽九華山等佛教文化蘊育地設立專賣旗艦店。自此，盛凡品牌正式進入中國大陸及台灣市場，公司的發展也進入另一個里程碑。

馬雲說：「世界在發生變化，如果你不採取行動，這個變化跟你沒關係，如果你參與行動，自己就是這個變化的參與者。」從許嘉豪的故事中，筆者深深體會到，對夢想堅持，付諸行動的重要性。一開始，父執輩對他引進3D打印技術的想法相當不認同，被拒絕的許嘉豪不但不氣餒，反而自行貸款購買機具，有效地整合資源，兼重軟硬體的開發，企業轉型，一步步將理想付諸實踐。由此可見，當你有一個夢想，而且很肯定這是你真正想做的事，就不要遲疑或等待，立刻採取行動，讓自己成為變革的推手。

擁抱變動的時代，打造未來的佛教文創新勢力

由於地緣的關係，台灣受到閩南文化的影響很深。1662年，鄭成功帶著明臣移居台灣，也將佛教文化移渡台灣生根。台灣的佛教產業從明代發展至今，已300多

個年頭，在家族企業與工藝精湛的巧匠打拼之下，產業發展日漸成熟，除內銷台灣之外，亦外銷美國日本，市場榮景可見一般。

自1993年起，大陸實施經濟改革，開放外資駐廠，台商們前仆後繼的前往大陸設廠，而盛凡實業便是在這波熱潮中，第一間紮根大陸市場的佛教產業。自中國大陸2001年加入WTO以來，排除關稅貿易障礙，年年貿易金額屢創新高，在市場不斷擴大、技術精進、人力成本提高、投資環境與勞動法律快速變化的今日，許嘉豪體會到，最競爭的時代即將來臨，只有創新變革，才能不被市場環境淘汰。

「我生於文創業蓬勃發展的台灣，期待能將產品注入不一樣的生命力。」在科技日新月異，產業快速推移，宗教多元發展，大批年輕人力外流的今日，各國宗教文創產業興起熱潮，昔日佛教產業獨大的榮景已不復見。雖然市場上仍不乏許多佛教相關陶瓷、木雕及居家大型佛桌，但許嘉豪認為，這些產品缺少一股時代新流的力量。接班三年有餘的他，對盛凡的未來願景侃侃而談，從他的言談之間可以感受到，他對這份事業的尊敬與熱忱。

有感於傳統產業亟須轉型，許嘉豪認為「華人的佛教的核心，一直以台灣為主，無論是製作工藝或佛教文化，數十年來台灣都是居領先地位。但近年來由於產業外移，台灣的佛教產業也逐漸式微，大陸廠商急起直追，無

論市場、規模、投資金額,甚至技術水平,都日漸將超越台灣。」由於文創產業是未來產業發展的趨勢,許嘉豪將未來的重心放在研發文創產品,同時,透過同業結盟、異業結合,共同提升品牌,攜手創造更大的市場規模。

「文化創意產業的核心其實就在於人的生活方式以及最大限度地發揮人的創造力。」許嘉豪清楚地明白,自己最想做的事情是推廣佛教文化,而不是推廣商品。盛凡實業專業產製的鎏金佛像,法相精緻,給人莊嚴沉靜的力量。鎏金抗氣溫潮濕變化,耐用性高,得以代代相傳。除此之外,金銅材質具有穩定的磁場,更有抗菌除菌之作用,對於人類的精神情緒有維護作用。因此,他希望佛像不僅是供養用途,期望佛像可進入書房及其他生活空間,讓更多人感受佛像廣悟精深的力量。

現代人生活繁忙,壓力龐大,需要一個讓自己身心靈都放鬆的空間,消除疲勞,沉澱工作的忙碌,享受屬於自己的時間。許嘉豪在萌生異業結盟的念頭之後,便開始尋求與客戶合作的機會。

以文化為載體,將居家美學的概念無限延伸至生活上

宗教是人類的心靈寄託,是人們日常生活中的超自然精神力量。為了能將產品注入新流,許嘉豪在佛像法相上鑽研許久,在佛具的創新上花費許多心思。選用古銅尊塑佛像,希望將藝術與佛教結合。

　　以佛教藝術文化為載體的禪風式空間設計，蘊含豐富的人文精神，透過不同建材及家具的精雕細琢，在人們的生活中注入寧靜慢活的氣氛。盛凡實業扮演工藝的傳承者及設計的提供者，為佛藝文化的發展注入新活力，使佛堂更生活化、簡潔化的融入居家，令觀佛、禮佛成為家庭成員共同活動，實現公司願景——「家家有佛堂　善意無限傳」。

　　「在這個產業快速推移的時代，改變世界只需要想法、技術與信念。」在許嘉豪萌生異業結盟的念頭之後，便積極地策劃，尋求與客戶合作的機會，將佛教與文化藝術做結合，滿足更多需求，創造公司更多的發展機會。許嘉豪以新一代的思維經營傳統產業，

以推廣佛教文化為出發點,將禪風空間的靜謐魅力融入生活。

秉承父業優勢,以弘揚佛教文化為使命

將有限的經費融入創意與活化,改變才有可能,改造才能永續。他指出,公司所生產的產品是真貨,並不怕檢驗,無形中也有第三方為產品做背書。此外,盛凡也找財團法人台灣金屬中心擔任技術顧問、與台南藝術大學金屬工業系一起做產品開發設計。許嘉豪表示,買佛事用品客群雖然在50歲以上,但正在崛起的30歲客群也不能忽視,為了吸引30歲以上的白領,他開發10到36公分的觀音、達摩佛像,並搭配裁切神桌後剩下的邊角料,打造出為一件件獨一無二藝術品。

他說:「黑檀木是高單價木頭,做完神桌後這些邊角料以前都是丟掉實在浪費,稍微打磨一下或請有美感的師傅修整一下,搭配佛像,就可以擺在書房裡,也不需要供俸,但就會讓人感到很寧靜,還可以展現出個人品味。盛凡的佛事用品除了已經在淘寶網上販賣,許嘉豪也結合美術,設計出適合小坪數的創意佛堂,即將於10月中在大陸央視商城上線,「央視商城挑選500家工藝品質不錯的商家上架,其中廣東有2家,盛凡是其中之一,能通過央視的嚴格審查,也是對產品的另一種肯定。」他自豪的說。

　　許嘉豪表示目前仍是推廣期，未來創意佛堂新品牌
將會從現有的產品線獨立出來發展，也會結合不一樣的
行銷，例如以往都參加佛事展，11月中會以文創的名義
參加東莞台博會。長久以來，許嘉豪跟家人堅持以最繁
複的工法，以珍貴、耐久的材質『金與銅』來塑造佛
像，並期待每一件「作品」皆能留歷久傳世，對他來
說，擺在眼前的這些佛像是「作品」而不僅僅只是「商
品」。一路走來，盛凡以佛具百貨總匯產品多元的方式
結合市場，在業界一直有獨樹一幟的風格。

　　許嘉豪認為「文化創意產業的核心其實就在於人的
生活方式以及最大限度地發揮人的創造力。」2014年，
許嘉豪於高雄成立500坪盛凡台灣旗艦店，提倡生活禪、
漫生活的概念，2015年3D列印技術取代傳統人工泥
塑，採購機械手臂雕刻來改善流程，將製作時間由好幾

個月壓縮至短短幾天。

　　也受邀回台參予南台灣最大的佛事用品展，從傳統產業創新生活藝術，榮獲高雄市政府的頒獎肯定。

　　從社會經濟的角度而言，農、林、漁、木為第一產業，工業及製造業為第二產業，服務業為第三產業，在許嘉豪的帶領下，盛凡實業已由過去的傳統製造業，轉型為第三產業的範疇。由廠二代到創二代，由傳統工廠蛻變為佛教文創事業，許嘉豪從歷練中成長，從推動變革後不斷茁壯。

　　自加入盛凡以來，許嘉豪始終未忘社會責任，積極辦理慈善活動，為貧困弱勢兒童提供幫助。未來，在許嘉豪的堅定信仰及努力下，盛凡將繼續實行〝尊重、專注、堅持、雙向可持續〞的公益理念，貢獻自己的力

量。近期，許嘉豪也積極整合資源，欲在東莞打造觀光文創園區，除了鞏固原有的事業外，更要成功轉型文創品牌，將佛教藝術形成一種生活方式，打造所謂「文化融入生活、文化即是生活。」

他指出，公司所生產的產品是真貨，並不怕檢驗，無形中也有第三方為產品做背書。此外，盛凡也找財團法人台灣金屬中心擔任技術顧問、與台南藝術大學金屬工業系一起做產品開發設計。

許嘉豪的創新思維與的開明的管理風格，鼓勵同仁發揮創意，並灌輸員工與時俱進的態度及執行力，讓服務提升為款待，使盛凡實業成為新的經營典範。在堅定信仰的支持下，許嘉豪必定能夠帶領盛凡開創新的一片風景。

紅色供應鏈下的「千錘百鍊」——

專訪秀育企業
行銷部 梁維任

撰寫人：趙柏宇

秀育企業股份有限公司設立於西元1975年.多年來以OEM及ODM之模式，為美國，中南美，南非，歐洲，澳洲，中東，及亞太地區如日本，韓國，台灣，中國大陸等之客戶生產鍵盤。旗下擁有逾6,000位之員工與超過10年經驗的設計開發團隊。公司主要客戶涵蓋知名廠牌Logitech、BenQ、Genius、Philips與MSI.

　　紅色供應鏈，是今年開始對於台灣經濟市場的新名詞，也是不得不正視的議題，根據天下雜誌今年六月出刊的專題「紅色供應鏈真的打趴台灣出口？」文章提及中國大陸早已脫離世界工廠並已發展出自有獨特的供應鏈，搭配廣大的市場，台灣和大陸的關係從垂直供應轉變為水平競爭已是不可逆的趨勢。而也有越來越多的青年學子對於大陸市場或是到大陸工作展現出強烈的企圖心與好奇心，而究竟在這龐大的紅色供應鏈底下千錘百鍊的台灣青年的經歷又是如何？今天讓我們與您介紹目前擔任秀育企業行銷部的梁維任的故事。

六年八班，二千年初，面臨選擇

　　梁維任，出生彰化，雖然沒有亮眼學歷，但憑藉著對於電子科技的熱情，自己持續進修電子專業課程與技術，修業於建國工專電子科後，便擔任電子工程師，梁維任回憶當初畢業後憑藉對於電子工程的熱愛有幸被現在的公司秀育相中擔任電子工程師，而當時的台灣市場面對大陸的崛起，憑藉著本身的技術優勢，仍可以搶占先機，而大陸則是以廉價勞力成為世界的代工廠，對於當時的台灣電子業，MIT＝品質的保證，在剛投入電子產業的前五年，梁維任將所學全心投入於工作，但06年I PHONE的問世，席捲了整個科技業，也是梁維任面臨的人生第一個交叉點。

　　2006年蘋果前執行長賈伯斯發表了I PHONE後，短短時間改變了大家對於科技應用的定義，而與此同時韓國大廠三星也透過龐大的國家資源投入智慧型手機產業，當時的台灣HTC也強勢崛起，對於身處科技業的梁維任來說第一次體認到革命性浪潮的來襲，梁表示：「在I PHONE問世前，還是以PC、桌機為主的市場潮流，但自從I PHONE產品的問世，對於科技的應用更加靈活，也是那個時候我深深思考要如何在體制內成功的接觸市場，了解趨勢」，而很幸運的當時秀育企業當時正透過內部招募電子工程師前往大陸東莞的工廠學習工廠環境與作業模式，重點是要提前面對廣大的中國大陸內需，梁維任當時便馬上申請前往，在當時自動申請轉調大陸其實不輕鬆，首先脫離舒適圈就是一大挑戰，但梁表示工作的環境或是薪水在那時候對他來說都不是重點，這是非常不容易的機會，因為你不再是面對一個工廠生產一整個台灣的內需，對大陸來說可能是僅僅一個

省的內需，不管是生產線的配合，管理層對於執行端的
經營，工作的文化，都不是台灣可以學習的。

狼文化的衝擊，台灣工程師如何應對不變成羊被吞噬

　　近來對於中國大陸年輕人或是大陸工作的文化有一
個新名詞形容"狼文化"，所謂的狼文化，係指中國大陸
民眾對於工作及新知的的渴望就如同狼一樣，狼因為飢餓
時可以將本能發揮至極致，而相對於已經享受到成功的台
灣幹部或是初來乍到的新人，因為已經習慣台灣的舒適圈
反而會成為大陸競爭性密度高張狼文化下的犧牲者。

　　梁維任透露當初剛抵達中國大陸的時候，憑著電子
業的專長與工作經驗的確是有搶占先機的想法，但是面
對中國大陸同事，即便是作業員他們都有一股不服輸的
勇氣，因為整個市場滿溢著成功的味道，讓人有一種我
只要再努力一點就會成功的氛圍，非常像當時經濟起飛
的台灣光景，愛拚才會贏。

　　但中國大陸內地幅員遼闊，不像台灣工廠或是工程師面對的單一市場變化不大，可能過了一條何就是完全不同的環境，語言與人是台灣人要面對的第一個挑戰，而且在中國大陸市場，沒有人會跟你客氣，這就是狼文化下的其中一項特色，鬥爭文化，面對競相表現的同事，他們像你學習就是有一天要把你擠下去，對梁來講，每天睜開眼都是戰鬥的開始。

　　而採訪團隊更好奇踏上中國大陸創業的感觸及遇到怎麼樣的困難？梁以過來人經驗分享，採訪團隊整理如下：

創業前要先審核自我能力兩點

1.自我專業知識是否足夠。

2.自我邏輯能力是否正確。

中國大陸創業遇到的困難

1.太多人想要創業，變成競爭對手是來自四面八方的威脅。

2.防人之心不可無，想幫你牽引新客戶的潛在危機可能同時也想取代你。

3.人品好的可能會讓你一步登天；人品不好的可能讓你一步跌到地獄去。

4.花費許多心思經營客戶關係也可能一頭空，全然沒有收穫

擺脫工程師溫吞形象，跨部門學習

而在這強烈狼文化的衝擊下，梁維任也做了一項非常重大的決定，他不想僅僅學習到中國大陸的工廠環境作業模式，他希望要成為不可取代的一人，梁表示：「其實很高興是在台灣投資的企業底下來中國大陸學習，因為如果是陸資，其實很有可能有所謂高薪短聘，迅速學習Know-How後你就失去工作價值了，而在秀育

的規劃下，我在中國大陸的工作歲月，輪調了不同部門，歷經工程部、製造部、品保部、採購部等職位。」

對於這樣的轉變，梁表示「在台灣可能當上工程師，就會想說已經是不錯的工作加上環境又舒適，其實並不會太去想轉調部門，但是在中國大陸，你如果不創造自己的工作價值或是個人成就，真的很容易被取代了，因為當你一有怠惰，大陸頂尖的大學生，用比你還低的薪資與熱情投入，對公司長期經營角度來說，用一樣的錢請來更多的人，節省成本，聽起來很傷人，但這就是在中國大陸的現實。」

而在不斷的職位輪調下，梁維任表示更能了解企業

秀育企業生產品項整理		
鍵盤	筆記型電腦鍵盤模組	滑鼠
標準IBM相容鍵盤 POS鍵盤 無線鍵盤（無線電周波與無線2.4G） 迷你鍵盤 筆記型電腦鍵盤模組 USB鍵盤 多媒體鍵盤 10-key鍵盤 背光鍵盤 機械式鍵盤	防水 製程：模內射出 鍵帽不易脫落 良率高 品質優良 交期快	3D有線光學滑鼠 3D 2.4G無線光學滑鼠

（資料提供：梁維任，採訪團整理整理）

對於自家產品或是品牌在市場上帶給消費者、股東、投資人的故事，各個部門都是公司的對外的形象，工程部管技術、製造部館產品、品保部管品質、採購部管成本，每項都是公司的命脈，再說難聽一點，對於中國大陸消費者或是投資人來講，公司永遠不缺，錢永遠不缺，人永遠不缺，我們要做的就是提供最優良的產品與服務。

學著說故事，形塑秀育品牌形象

但不管產品做得多好，價格用得多優惠，品牌創造的高度，還是近年來品牌營利的不二法門，梁表示的確在大陸多樣化的同質商品的確給予了消費者多樣的選擇，也有許多的企業以低價做為創造利潤的標準，但是身為強烈果粉的梁表示，賈伯斯塑造的蘋果經濟帶給他的震撼太大，對他來講怎麼樣把秀育企業轉化成具有在中國大陸具有蘋果味道的公司才是他最終的目標，因此他開始專研品牌的經營，對他來說，將秀育企業創造成具有人性溫度的公司，產品才具有人性，才可以有創意與獨特性。

為此梁針對秀育企業的產品，投入更多量身為消費者打造的巧思，梁表示現代人對於科技的依賴其實已經成癮，對現代人來講，能快就不要慢，能用一個手指解決的事情絕對不會動第二根指頭，秀育要做的產品就是一條龍完備生產鏈，同時具備台灣及中國大陸文化融合，最適合華人市場及消費習慣的電子科技產品。

　　而梁更是延伸了秀育企業的品牌故事與精神，SHOU帶給您的是，對消費性電子商品全新的體驗與概念，期望與您共創專屬個人使用者的C生態系。SHOU將以這樣的概念設計並整合所有的產品，透過網際網路、智慧行動裝置和雲端運算，建構以人為本的生活體驗，客製化、個人化的特色風格為發展主軸，透過產品硬體、軟體及服務的供應，讓使用者獲得最獨特的科技體驗。

成狼歸鄉，仰視全球

　　而在中國大陸學習完整資歷七年後，梁又做了一個跌破大家眼鏡的決定，回台工作，在2013年已不是七年前的環境，台灣市場上也面臨了更多的經濟問題，但梁表示越是艱困的市場越有突破的機會，這是在中國大陸七年下培養出來

的狼性格，因此整合了中國大陸經驗與台灣技術的梁返台在秀育台灣總公司擔任採購並同時開始經營台灣行銷大陸工廠研發生產的手機防護殼，對梁來說，返台的這個決定就是要將產品融合品牌精神推廣到全球。而採訪團隊非常好奇為何以手機防護殼作為首發展品，梁簡單表示因為手機在中國大陸除了是通訊工具外也是另外一種身分象徵，對於奢侈品大家不想要隨意傷到，看似不起眼的防護殼卻產生了意想不到的龐大商機，當初做手機保護殼只是單純防撞，但是因為手機以緊密結合生活，現在的手機防護殼已經可以納入3C商品的一環，新品的研發梁希望是可以完整考量到消費者生活習慣的手機防護殼，也就是這個商品與手機結合一體，消費者不會認為是累贅，這個商品就好像是手機出廠的時候就附在手機上的一樣，這就是秀育企業與梁未來希望產出的產品高端目標。

而再度回台梁展望秀育公司未來發展是以品牌為主，以品牌為前提的狀況下還是要有新產品的支持，所以也會全心投入在開發新產品，一種是創新產品；一種是現有產品的提升功能性，這是未來的目標。

秀育展新手機防護殼

●防水、防雪、防摔、防塵
●耐磨、不傷手機鏡頭、特殊鏡面完整符合智能手機觸控
●支援指紋辨識

　　而對於自己的個人規劃則完全以市場行銷為主要，從幫客戶代工只要把客戶的需求處理好就可以順利出貨，轉變成要自己面對通路商及經銷商，模式已經完完全全不一樣，需要去符合整個大環境市場的需求，所以需考慮的更詳細，但也是充滿挑戰的一項任務，對於自己或是公司的未來均充滿信心。

狼學分享，如何讓溫馴的台灣青年成長茁壯

　　在採訪的最後，我們也希望揉合兩岸的成功經驗的梁維任與面臨全球化與紅色供應鏈衝擊下的台灣學子分享創業的路上應該注意什麼，以下為採訪團隊的編輯整理：

創業前的堅持與心理準備

1. 創業是一條不歸路
2. 如果要創業就要持之以恆不能輕言放棄
3. 資源整合最為重要，不是找幾個志同道合的朋友就可以了
4. 人脈收集分類是創業前的重要基石
5. 賺我們該賺的利潤不要想一夜至富，這樣才有辦法長久經營。

杯內致勝點，
打造咖啡全感體驗—

專訪翹鼻子咖啡

創辦人　吳森勝

【撰寫人：侯俐瑄、連修偉】

　　從西元十七世紀開始，咖啡便成為世界上重要的飲品文化，在無數的歷史洪流中，都可以尋找到咖啡的蹤跡。至二十一世紀，咖啡成為全球化的文化代表，達到熱潮的巔峰，城市裡一半的上班族，街上一半的小資青年，還有大半學生，手裡都拿著一杯杯的咖啡。英國社會學大師紀登斯曾說：「喝咖啡是具有象徵意義的個人習慣，也是一種社交潤滑劑」。這股從歐美席捲到亞洲的咖啡浪潮，不僅改變了許多人的生活習慣，更吸引無數人前仆後繼的投入這個領域。

　　幾年前,當吳森勝還拿著公事包,穿梭在台北街頭上,恐怕完全沒有想到,有朝一日,他會成為東莞咖啡文化的重要推動者之一。剛開始來到東莞時,吳森勝除了自己喜歡喝咖啡,周遭很多朋友也有喝咖啡的習慣,卻苦於在大陸拿不到與台灣同樣品質的咖啡豆,讓他下定決心,「既然買不到,那就自己做咖啡吧!」從此,一腳踏進了咖啡這個浪漫又現實的行業。

　　吳森勝分享,在創立之初,團隊曾為品牌的命名經歷了一番激烈爭鬥,後來一致同意:擁有敏銳嗅覺的"翹鼻子",是人與咖啡接觸的第一個關鍵。「因此,"翹鼻子"這通俗易懂的名稱搭配上鮮明有趣的Logo,就成了我們的代表。」他強調,翹鼻子的理念是推廣單品咖啡文化,致力於分享咖啡的正確觀念,並體現精品咖啡的極致美味。「我們不僅帶領大眾品味精品咖啡,更希望賦予咖啡一種新的定義,讓咖啡不只是

單純的飲品，而是提升個人生活品質的文化指標。」吳
森勝說。與其他咖啡店不同的是，為呼應"翹鼻子"的
精神，體驗店所有架上的咖啡豆、掛耳包，都用玻璃瓶
裝載著新鮮烘焙的咖啡豆，讓您聞香識咖啡。而這個來
自台灣，進軍東莞的新咖啡文化先鋒背後到底有什麼故
事？讓我們一探究竟。

家族企業經營轉型成功　開啟創業契機

　　吳森勝和東莞之間的連結，起源於二十多年前父親
在東莞洪梅經營拉鏈工廠，初中畢業的他便在父親的安
排下，來到東莞生活，成為東莞台商子弟學校的首屆
高中生，從此，和這座台商雲集的世界製造中樞城市
結緣。

　　高中畢業後，吳森勝回到台灣就讀大學，隨後至美
國進修，期間都是以企業管理相關專業為進修方向，因

此，回到台灣後的第一份工作，進入了知名的企業管理顧問公司擔任訓練規劃師，負責協助企業的人力資源發展與培訓。當時的這份工作，讓吳森勝有機會接觸到許多國內外知名企業，並觸及到不同層面的產業。而這段經驗帶給吳森勝最重要的收獲便是經營企業當中「人」的元素，他以從事人力資源規劃的角度，看見「重視人才」才能增長品牌價值，也深刻了解到培養營運團隊的重要性。

　　經歷長達兩年的企管顧問工作，吳森勝來到東莞後的第一個任務是經營父親的高爾夫球會所——長榮體育娛樂，由於父親以往作為副業來打理，過去並未投入太多資源，也缺乏專業的團隊進行日常營運管理及行銷，致使會所長期處於虧損的狀態。吳森勝加入後，綜合以往累積的消費體驗以及目前市場上的行銷趨勢，調整當時會所經營的策略，在現有的客戶基礎上開創B2B的

業務，以"打造新型態的成長交流平台"為主要運營方向，不僅能滿足一般消費客群的需求，更將會所原有的高爾夫球、餐廳，加入會議培訓、燒烤、客房等元素，成為各方企業及團體活動舉辦的優質場所，在將近一年的時間就將公司的營運轉虧為盈。吳森勝在東莞的首戰告捷，除了證明自己的能力，讓父親肯定他在企業經營的表現，也在這個時期培養了後來創業時的營運團隊，為創業之路鋪墊了更扎實的基礎。「對於我們這些台商二代來說，父親既是長輩，同時也是老闆，你得拿出自己的成績單，才好和他溝通。」吳森勝說。

明確品牌定位　串接咖啡供應鏈

在獲得父親的認同後，吳森勝開始展開拳腳，把創業方向定在台灣人喜愛的咖啡上。但在量大如海的咖啡市場，為了做出差異化，吳森勝將目標定位在精品咖啡，並且只以來自單一國家或產區的單品咖啡為主。而咖啡行業的特殊之處，在於顧客對品牌的認同。在中國大陸，喝咖啡不是必需消費品，而是一種先透過品牌認同，進而接觸了解，漸漸養成的習慣。因此，開放市場的新機會、過往的經營管理經歷、以及會所廣大的硬體空間，成了吳森勝強而有力的後盾。他運用會所其中一部份空間，建立東莞首創600平方米的咖啡烘焙觀光工廠，從生豆採購、人工手選、烘焙生產、獨立包裝、冷

藏保存、沖煮體驗,透明通透的長廊,串接起一條完整的咖啡產業鏈,使"翹鼻子咖啡"成為產銷合一的咖啡品牌,創新開放的參觀方式,也普及了許多人的咖啡知識。

咖啡從莊園到杯中經歷了漫漫長路,目前全世界有將近50個生產咖啡豆的國家,不同的咖啡品種、產區、烘焙程度,都會使其衍生出千變萬化的不同風味,為了提供優良品質的咖啡給顧客,吳森勝在創業之初,聽聞中國大陸雲南省有自行耕種高品質咖啡豆的農戶,特別造訪數次莊園,以了解咖啡豆實際種植及採收的情況,

並引進三千株咖啡苗到咖啡烘焙觀光工廠，讓大眾在東莞也能看到咖啡樹的生長過程。另一方面，為了更深入接觸咖啡生產的領域，他花費許多時間及心力參與有關咖啡生產製作的課程及研討會，和行業前輩們互相切磋交流。

堅持提供精品　推廣單品咖啡健康文化

經過前期的耕耘，吳森勝在精選世界各國品質優良的咖啡產地後，和莊園建立了長期的產銷合作關係，並邀請幾位台灣的咖啡烘焙大師到東莞進行技術移轉，確保咖啡烘焙的品質，同時在會所裡開了第一家咖啡文化體驗店，希望以體驗帶動咖啡的銷售。吳森勝分享到，體驗的目的是讓大眾有機會比較精品咖啡和普通商業咖啡的差異。和一般咖啡廳相比，翹鼻子最大的優勢是在於自行生產、產銷合一，所以可以嚴格控管咖啡豆的新鮮與品質。如今東莞人的健康意識抬頭，對於咖啡的接受度也不斷提高，但一般大眾仍以拿鐵、卡布奇諾……等調味咖啡為主要選擇，此種花式咖啡透過加糖、加奶的調味，對於咖啡本身的新鮮度及原始風味要求相對較低，也會對身體帶來負擔。而翹鼻子則堅持提供不加糖、不加奶的原味單品咖啡，讓每個人重新認識咖啡的好處，不僅喝到美味，也能喝出健康。歷經一年左右的時間，翹鼻子已在東莞市區開設多家咖啡體驗店，分店

不加糖不加奶，直接用熱水萃取的單品原味咖啡
屬於鹼性食物，對身體有很大的好處

版圖的拓展，意味著"翹鼻子咖啡"已成功進入東莞咖啡市場，並積極滲透進東莞大眾的生活中。「我希望能夠做高品質而又價格親民的產品，讓精品咖啡走進千家萬戶。」吳森勝說。

翹鼻子　家庭咖啡館的創始者

在東莞，翹鼻子以獨家三重奏喝法聞名。只要現場點選一壺單品咖啡，您可在第一重喝到現磨咖啡與熱水結合的原始風味，第二重品嘗到透過大冰球急凍的冷卻風味，第三重咖啡品茗同時搭配手工曲奇的美妙滋味，細緻的擺盤與吸睛的呈現方式，虜獲許多咖啡迷的胃，也收服了首次接觸咖啡者的心。

　　而翹鼻子的特殊之處不只如此，很多人說，第一次在翹鼻子體驗自己沖煮咖啡的樂趣。市面上的咖啡館讓許多入門者望而卻步，繁雜的沖煮技術，多樣的沖煮器具，在在樹立起一面面高牆，阻擋許多人深入了解咖啡的腳步。為了搭建單品咖啡文化的橋樑，並更深入的結合生活，翹鼻子首創易學、易懂、易操作的咖啡套組，套組內含特別設計的沖煮器具及新鮮生產的掛耳咖啡，而翹鼻子門店更以打造咖啡全感體驗為使命，從撕開包裝嗅到芬芳的咖啡香，到動手沖煮，過程中搭配專業人員講解操作過程，讓每一位顧客都可以在翹鼻子裡享受一杯親自沖煮的好咖啡，更可以用經濟實惠的價格把咖啡館帶回家。

創業成功祕訣無他　唯堅持與執行力爾

其實，在創立翹鼻子的路程中，也不是一帆風順的，兩岸的風俗文化差異、人才的培訓上崗、資金及技術的需求，讓吳森勝在過程中面臨了重重阻礙，但透過不懈的堅持以及團隊合作的力量，翹鼻子咖啡這個品牌終於有機會站上東莞咖啡行業的舞台，實現吳森勝親手製作咖啡的夢想。

身處這個劇變的時代，很多青少年懷抱創業夢，然而，夢想，是必須透過實現每一階段的小目標，累積達成的。吳森勝以過來人的角色，提醒所有有志創業的青年，除了明確自己的市場定位外，更重要的是堅持的信

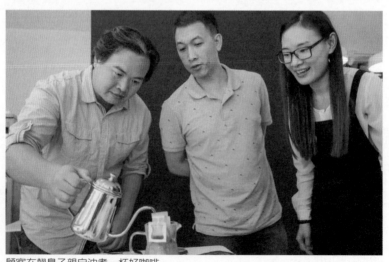

顧客在翹鼻子親自沖煮一杯好咖啡

念與快速的執行力。品牌的理念再好，若沒有執行力去實踐，永遠只是紙上談兵。吳森勝表示，台灣的生活背景讓他對消費體驗及服務文化有更深層的認識，而當創業目標和市場定位確認後，如何將想法化為行動，同時在遇到難題時快速尋求資源，才是創業時真正面臨的考驗。所以建議懷抱創業理想的青少年，應該趁創業前培養自己的執行能力，並積極接觸相關產業訊息，才能應用於未來創業時的需求。

創業者在前期往往需要承受許多壓力和挫折，但唯有不斷調整步伐，貫徹執行力與堅持的信念，才能創造

出被社會大眾認可的品牌。從吳森勝的人生歷程及創業故事，我們可以看見他所創立的翹鼻子咖啡，已成功通過了市場的試煉。也期許未來他作為企業營運的掌舵者，能將"翹鼻子咖啡"推向更高更遠的未來，成為年輕世代中值得效仿的品牌模範！

法學博士的甜甜圈事業──

「台北天母甜甜圈」創辦人 林璟均

撰寫人：侯俐瑄、趙柏宇

國會助理出身，轉行甜點?!

出生在台北天母的林璟均，曾經有長達13年在立法院做立委辦公室主任的經歷，全心投入公部門的立法事務，並表現傑出，許多親友都認為他會持續以公眾事務為重心，更上層樓。2006年到廣州攻讀博士班後，林璟均卻在2007年毅然決然地轉換跑道，決定開創自己的甜甜圈事業，許多人對於這樣的決定大為不解，林璟均表示其實這是他早已規劃好的人生階段，當達成一個階段的既定目標後，便希望可以再嘗試新的夢想。林璟均認為自己是認真且具行動力的執行者，不希望一生當中只完成一個夢想，於是，他選擇創業。

進入甜點領域作為初學者，以往在公部門學習到的專業全部歸零，轉到甜點領域，卻成為一個新手學徒重新開始。為了喜愛的甜甜圈，林璟均赴日本學習，隔行如隔山，儘管剛開始碰到諸多困難與挑戰，需要重新適應，但對於林璟均來說，不只是重新，也是從心學習。之所以會選定日本作為研習之旅的目的地，除了日本口味較適合亞洲人接受外，更重要的是學習日本人"匠心獨具"的精神以及對於本業的極致專研態度。他將原本只專供皇室品嘗的甜點研發出更多口味，以家鄉命名創立「台北天母甜甜圈」。創立至今不到十年，已成功在廣州、深圳、佛山、中山、惠州、溫州等城市開拓分

　　店，主營甜甜圈及台式飲品的複合式餐飲品牌，目前已擁有12家直營店，同時開始拓展加盟。有法學博士頭銜的他，立志要做中國大陸最好吃的甜甜圈。

　　因在廣州攻讀博士班，所以對廣州這個既古老又新穎的城市有深厚情感。經過八個月的市場調研，針對廣州著名人潮聚集處如北京路、上下九步行街、天河城三個集中商圈做出研判，最後在廣州市中心體育西路天河城後面，開設第一家店。

台北天母甜甜圈是大陸華南首家甜甜圈，在廣州等地有12家直營店，同時拓展加盟店。

　　林璟均說，當時是大陸華南第一家甜甜圈店，生意很好，口味很快被市場接受；直到2009年，美國品牌甜甜圈進入廣州，獨占才被打破。他採取穩步經營策略，對於擴點保持穩扎穩打，一直到三年後才開第二家店，法律專業的性格讓林璟均在面對所有的市場變動以及經營策略上都有著更穩重的腳步以及對於數據支撐的決心。經過時間與市場的考驗後，才將市場版圖擴張到廣州以外的深圳、佛山和其它市場，但創始據點形成的群聚效應仍不能忽略，因此以發跡地廣州做為起點圍繞珠江三角為重心，形成一個龐大的甜甜圈帝國。

為質量不計成本，使用進口原料

為了使產品保持最好品質，台北天母甜甜圈使用日本進口的日清麵粉及進口的巧克力，「消費者都是聰明的，只有拿出最好的東西，做出口碑、保持品質，才有回頭客。」林璟均說。

林璟均表示，廣州有兩千年的建城歷史，食在廣州，其驕傲的餐飲文化，位居中國大陸八大菜系之首；廣州餐飲競爭非常殘酷，像甜甜圈這種新產品至少要在市場上撐過一年，消費者才會認可它的存在，同時也需要不斷修正，才能符合廣東人的口味。因為廣東以前就有類似甜甜圈的小吃"糖沙翁"，跟美系的甜甜圈一樣，都是發酵麵團油炸後沾糖，高油高糖，會讓人覺得負擔太重，所以天母對甜甜圈重新定位，主打低脂低

糖，既要滿足口腹之慾，更要維持身體健康；再者，甜甜圈屬於休閒甜品，是快速消費的行業，必須在視覺和味覺上作文章，讓產品年輕化、多樣化，更須不斷有新口味出現，緊抓住消費者的嚐鮮心理，且經常地舉辦教學及試吃活動，讓在品嘗甜甜圈的同時，也是對生活的一種體驗，還可以上傳社群網絡作為炫耀，成功打進消費者心理，同時也是占領市場的不二秘訣。

不吝分享經驗，開課傳授成功祕訣

　　曾經在台北華納威秀也開店的林璟均，累積不少經驗可和台灣朋友分享。他說廣州開店的經驗和台灣很不一樣，台北需較大坪數的門面，喜歡三角窗位，現場做出最新鮮的甜甜圈，台灣人對於食品的新鮮感更為重視，因為"現做" "精緻"是台灣人最為重視的幾個特點，這也是為何這幾年台灣餐飲業很流行透明廚房的原因；但廣州的租金高，比較難以承受大面積坪數的開店方式，所以最好是尋找人流多、提袋率高的中小面積。他說，創業開店，選點是最重要的一門課程。林璟均也建議想到大陸以餐飲為創業方向的後輩，不要只觀察人潮，而是要確認提袋率，因為大陸貧富差距較大，目標群眾定位的不同會導致人流成為盲點，「如果今天做的是營養果汁或是有機食品就不會開在大學附近，反而會選在藝文特區或是健身風氣興盛的商圈，如果是要做炸

物，學區商圈會是首選。」回歸到人流，許多店面位置
看起來人潮洶湧，但客人大多只是經過，建議大家避免
選擇與自己目標客戶不符合的鋪位。

在廣州扎根，林璟均的策略是「以廣州為中心，輻
射珠三角，放眼全大陸」，廣州對於商業創投的接受度
起步早，法治環境很好，近年有大幅進步，台商創業或
在商場內開店，完全按法定規則走，不用擔心一些中小
城市存在的「潛規則」或隱性成本。這也是對於創投、
創業者們一帖大大的強心劑，當有著良好的創投環境，
在良性競爭下，市場會出現更多好的店面，也會讓消費
者享受到更好的服務。

林璟均認為，他對自己有強大的使命感，要做中國
大陸最好吃的甜甜圈，未來要把產品送到所有一、二線
城市。目前正埋頭鑽研「互聯網＋」，如何透過網路下
訂和物流結合，把產品快速送達各城市消費者手中。對
比台灣，中國大陸對於互聯網以及第三方支付更為便
利，消費者也透過多年的教育養成了虛擬線上消費的型
態，林璟均表示要做中國大陸最好吃的甜甜圈以外，更
重要的是成為中國大陸最容易拿到的甜甜圈，「不用排
隊，不用等，透過互聯網＋，O2O將全中國大陸的甜甜
圈粉絲緊緊聯繫。」

創業八年，林璟均認為，台商在廣州甚至於全中國
大陸做餐飲有優勢，包括對市場有較先進的思維和創新的

做法，不管是透明廚房、數位資源整合，都是以往大陸市場較缺乏的，但這優勢快速在失去！台商在大陸市場最缺乏也是當務之急是整合資源，與本地商界資源結合，讓整體台商的力量獲得更大發揮。由於餐飲業門檻低，「這幾年許多一代台商從製造業轉型投入餐飲的不少，除了飲品，多數去做麵包，但做大做強的仍是少數。」這也是林璟均看大陸台商的極大隱憂，台商大多喜好跟風，但往往難以做出差異性，導致品牌與產品缺乏個性，但風潮一過，店家往往面臨的是轉型或是被市場淘汰。

　　他認為，這是因為餐飲烘焙行業愈趨專業化。「做麵包就專一做麵包，把麵包針對手作方式分類、穀物發酵分類；做飲料的，又從奶茶延伸細分成果茶、奶蓋茶、黑糖與氣泡飲料等。要在競爭中脫穎而出，必須更專業化經營和擁有現代化管理，因為現在的中國大陸消費者對於食品也越來越挑嘴，他們希望手上拿的、嘴

巴吃的、外帶回家的都可以拿來說嘴炫耀一番，因此要做到好就要有把自己餐飲品牌打造成高端食物精品的氣魄。」林璟均將過往在公部門的法律精神與執行氣魄運用在餐飲創業上，成功打造他的甜甜圈王國。

「把餅做大，心要更寬」——資源整合，創造雙贏

2014年林璟均擔任廣州市台資企業協會青年聯誼會的會長，希望能用自己多年來的創業心路歷程，輔導新進廣州的青年台商，把失敗的經驗傳授，使他們免於重蹈覆轍，少走冤枉路。林璟均表示，單打獨鬥的時代過去了，現在講究資源整合。不僅只是台商之間要資源整

合，更多的是要台商和本地商人的資源整合。過往的第一代台商大多從事製造業，接單做外銷，和本地商人及社團接觸不多；二代台商發現外銷不好做了，轉做內需，卻發現資源不夠，缺乏和本地商界的合作。他認為，台商要做大連鎖服務業，要先「把餅做大，心要更寬」。目前最大難題的就是台灣人在外向心力不足，凝聚力不夠，無法發揮團結之力；反觀韓國人都是群聚生活，在廣州白雲區遠景路一帶，把整條街店鋪租下來，成為韓國城，彼此產品上也稍作區隔，甚至做二房東。而台灣美食馳名中外，如果能在中國大陸認真做台灣美食城，也可以有群聚效應，不過這還需要與本地商界資源更多的結合。

再者，新進入餐飲烘焙界的台商資金要充沛。他說，過去的台商花費一、兩百萬台幣就能在廣州開店，但是現在大陸的物價已經超越台灣，以目前的租金跟材料成本，在商場開一個十幾平米的茶飲小鋪位，就可能耗去上百萬台幣。若不在新商場，還需要另外一筆金額龐大的頂讓費，且租金愈低頂讓費愈高，都是在台灣開店想像不到的成本。因此如果沒有透過台商們共同團結把餅做大，會有更多資金較不寬裕的後輩們在中國大陸創業的路上沈船。

2016是中國大陸的創業年，『大眾創業、萬眾創新』的口號震天嘎想，各地政府更對台灣青年提出許多優渥的政策——"租金補貼、住房補貼、創業資金優

貸……"等，希望能吸引台灣青年到大陸創業。對於想進入中國大陸創業的台灣青年，林璟均建議，首先要有創業家的特質，成功的路上往往孤獨，創業過程艱辛，必須埋頭苦幹，要有頑強的意志，執著的精神；產品必須有未來性，要有超前的思維，不做可快速被取代的產品；商品要有個人特質，要讓人覺得品牌就像是一個活生生的人有個性；要懂得包裝、講故事，自己能為產品代言，這點也是台灣人較擅長的優勢；要有強大的使命感，預先規畫版圖，才能支撐由小變大的過程；最重要的一點：堅持，同時具有承認失敗的心胸，遇到風險能堅持初衷，且對瞬息萬變的市場做出變通和反應；最後，要有平和的心態、真誠的力量，成功了仍須謙卑不驕傲，把眼界放寬，鼓勵台灣年輕人勇於走出海外市場。

大陸再創業——

臺灣傑出設計師 姚舜

勇敢走出去的

> 我的設計反映出我的靈魂，我所堅守的，是一種純粹的風格。 ——姚舜

　　來自臺灣的室內設計師姚舜先生的外曾祖父是三民主義革命時期傑出將領─烈士張民達，是國父 孫中山先生在革命時期的忠實追隨者，同時也是姚舜先生人生中最崇高的偶像，革命烈士張民達在革命時期受國父孫中山之命，運用自身精通各國語言的天分在南洋地區募款，返國後也親身參與各項戰役，為民主革命立下無數汗馬功勞，雖然他英年早逝卻也為後世留下令人景仰的精神典範。承襲烈士張民達莊敬自強的遺風，出身將門之後的姚舜在談吐間也透漏出個性中堅毅與積極的一面，對於自己追求的夢想展現永不放棄的執著。儘管姚舜的家族歷經大起大落，到了他這一輩時，現有的家庭環境已然不能提供太多的資本幫助他實現夢想，但出於對室內設計的熱愛以及實踐個人設計理念的堅持，他還是風雨無阻、毅然而然地選擇了創業這一條艱辛的道路。

　　從事室內設計的過程中需要注意的細節比平面設計複雜得多，除了要讓作品的視覺美感符合個人風格以免失焦，還必須熟悉各種裝修工程與材料技術的結合，才能讓自身的設計理念得以應用，也避免在後續使用上的不良體驗，當年促使姚舜先生踏入室內設計領域的原因，來自於他充滿想像力的個性與成長經驗，他說：「我喜歡去理解一些一般人不想理解或是不願想像的問題，長大後知道這就是創造力，我第一次開車就敢一個人繞台北市一圈，相對於設計這件事，也展現我勇於嘗

試及突破的個性。」姚舜先生表示很多生活中的事情都
是自我學習的成果展現，到了一定年紀後，他會開始思
考每個物品的實用性，他常常說一個不會作家事的設計
師，要如何做出一個符合人性化的作品？一個沒有創意
的設計師，又如何作出一個有個性的作品呢？他認為他
在這個領域的成功關鍵，是他將個人對生活的一切體驗
化為創意以及勇於嘗試新的變化，並結合他自身對於建
築與室內設計的興趣，逐步前往他所追求的人生目標。

簡約風格創造舒適生活美學

　　「我是一個十分尊重文化的人，特別是古典文化。
因此對於歐美風格以及鄉村風格的建築有著無法言喻的
熱愛。」姚舜先生說完這句話之後表示他十分喜歡旅
行，從年輕時就夢想能夠周遊世界各地去探究異域文
化，他認為創作的靈感往往來源於生活，只有增廣見聞
才能為自己增添藝術靈感進行更多創作。對他而言，房
屋的裝潢、設計如若強調浮誇與花哨，無論花費再高也
是對室內設計的一種褻瀆，姚舜先生認為純粹的視覺風
格才是室內裝潢應有的特色，過於繁複華麗的規劃只會
對空間產生壓迫感，也失去空間體驗的舒適性。姚舜在
臺灣從事室內設計工作期間，曾經主導設計了五個美術
館的室內空間規劃，每年接手的室內設計委託案件也有
數十套。儘管在日常生活中他是一個幽默風趣的人，但

是在面對工作時卻十分嚴謹，事必躬親，對自身要求十分嚴格，也將這個態度印證在自己的作品上，為了滿足客人的需求，絕不讓自己的設計出現任何差錯。在從事室內設計的時候，他除了希望通過自己的努力來創造屬於自己的財富，但更希望自己的勞動成果能為他人帶來應有的價值，因為他深信，居家是一個完整的有機體，需要全方位的視野及關懷，才能夠創造高質感的設計與居住體驗。

在房屋裝潢設計的過程中，整體的佈局、細節的設計以及色調的搭配等都是需要解決的難題，因為這些元素都關係到室內空間整體設計的視覺效果以及委託人的居住感受。姚舜先生從事室內裝修行業已經有13年的時間，如此豐富的工作經歷以及無畏挑戰的探索精神給予他前往大陸二次創業的信心。姚舜先生認為，眼下深圳市的房地產價位處於高水平，大部分的人花費了鉅資購置房產，也必然也希望自己能夠在住的時候感到舒心享受。而姚舜先生的個人設計風格也確實有一種神奇的魔力，廣闊、溫馨、富有層次感給人一種舒適的視覺效果，彷彿可以讓意念徜徉在空間內，讓身心靈徹底放鬆。具體而言，姚舜先身在設計空間格局的時候，他會注重牆壁、瓷磚等空間框架色彩的搭配，同時在臥室、客廳、廚房等不同的功能區域都有獨具匠心別出心裁的設計巧思，使整體室內空間的分佈合理、雍容大器。他

也會根據每個客人的性格、喜好設計出溫馨、怡人的居家風格，在經濟與美感的天秤上找出環境的舒適與價值，並衷心期盼客人能在體驗他的設計後，真正開始鑑賞自己的選擇。

姚舜先生的設計理念是崇尚簡約，甚至有時候會看見空間格局是清一色的大地色系，他不認為複雜奢華的設計會帶來舒適的感受，反而線條簡單、直接的極簡設計才是高品質生活的體現，而且在他的設計理念中，「家」並不是一個適合給設計師炫技的場所，能夠滿足業主的需求才是設計的最高成就，更是一個家居設計師的幸福所在。倘若他的設計理念與業主的要求產生一些偏差，他也會盡他可能地尋找彼此之間的平衡點，積極溝通。只要不是違背了他的原則，最終都會尊重業主的意願。令人欽佩的是在室內裝修完畢後，他還會陪同客人購買與房屋設計風格高度契合的傢俱，並根據不同的季節選擇不同的佈局，讓家庭空間充滿情調。他認為，良好的居住環境有助於培養人們良好的生活習慣，並能

因此而長久地保持著正能量來面對工作與生活。從設計生產、裝修，再跨入空間整合服務，由點而線而面，姚舜先生對美感的堅持，同樣從細微處點滴累積，成就了集藝術與機能於一體的大器之美。透過設計，讓空間有了生命律動，靜靜傳遞雋永細膩的住家藝術品味。

姚舜先生敬業的態度，讓他在合作結束後還會和客人保持著長期的聯繫，而非交易過後「相忘於江湖」，他願意時刻為他們解決任何疑慮，並尋求長期合作的可能。這種責任感與助人為樂的情懷拓寬了他的人脈關係，並為自己將來的事業創造了無限可能。

創造品牌價值獲得市場認同

成功的創業者幾乎都有共同的特質：挑戰創業的信心、面對困難的勇氣與堅持不懈的毅力，而姚舜先生完全具備了這些特質。當初他懷著滿腔的熱情在臺灣創立了自己的設計公司，面對種種困境他都沒有因為氣餒而廢棄夢想，而是積極尋找前進的方向，取得了一定的成果。當時他在臺灣的室內裝潢行業已是小有名氣，但他並不滿足於現況。他夢想將自己的設計推廣到更大的平臺。隨後，他看中了中國大陸廣闊的市場，認為中國大陸正好是一個可以讓他大展拳腳、發揮專長的地方，同時可以把自己的設計理念宣揚給更多的人，因此他毫不猶豫地前往廣東東莞創立自己的事業並一路堅持到底，

　到如今他已是完成了初步計畫，他在東莞的室內設計裝修公司"姚空間規劃顧問公司"即將成立，同時得到901兩岸青年協會的信任與重視，並為其提供資金支持。

　　在訪談過程時姚舜先生充滿感觸的說：「當時我在臺灣開立的室內裝修公司其實發展得還不錯，但我並不希望只受限於臺灣一個區域發展我的事業，我想讓我的設計理念與個人風格變得更有影響力，因此為了尋求更大的挑戰、更多的發展空間，我義無反顧地來到了中國大陸，開啟我的另一段人生與事業的生涯。」當時在創業上最大的困難就是如何尋找客戶，這也幾乎是每個行業都有的困難，他說明只能在開創時期堅定創業的決心，才能走向穩定發展的階段，他也提到他的友人在創業過程中提供給他非常多的資源，讓他能夠不畏困難繼續拓展創業的地圖，讓他十分感謝人脈帶來的助益。

　　面對未知的環境與挑戰，姚舜先生的自信與能力讓

他對於二次創業是無所畏懼，也讓人不禁欽佩他異於常人的熱情與執行力。當然在創業過程中，僅僅擁有勇氣和熱情是不夠的，姚舜先生對於自己的品牌進行了合理的遠程展望與規劃。目前姚舜先生尚處創業生涯的初期，還需要更多的資金與廣闊的人脈幫助他繼續推動姚空間在市場上的能見度，因此他下一步計畫是希望能繼續拓寬人脈管道、密集接觸不同群體、積極宣傳自己的設計產品與美學風格，他的長期目標把自己的設計理念移植到這片土地，並讓自己的公司在穩定耕耘中持續前進，期許未來能將他個人所堅持的簡約風格踏實展現生活中。

把握所有機會發光發熱

當我們向姚舜先生提問工作上的成就感來自於什麼，他也很俐落的回應道：「每個設計的成果都有不同

的成就感，當我能在有限的空間內創造故事，我就能夠造就業主的夢想，當完成作品後，業主在使用上給予肯定，這就是我最大的成就感。」在他敘述的文字中彷彿可以感受到他揮灑才華的熱情，正如同前休斯頓火箭隊的主帥湯姆賈諾維奇說過：「永遠不要低估一顆總冠軍的心。」此乃至理名言，借一步說，也永遠不要低估一顆創業者的心。姚舜先生立志創業，歷經磨礪，鑄就了他樂觀向上而又堅忍不拔的性格。相信姚舜先生憑藉他無畏的挑戰精神、超高的設計水準與合理的職業規劃，在未來的日子裡必然能以創新、穩固的腳步，朝著自己的目標有層次地邁進，擴大姚空間規劃顧問公司的影響力，並將自己設計的產品和設計的理念在大陸完成最大程度的推廣，最終成就一個家喻戶曉的設計品牌。

姚舜先生說現在年輕人最需要做的就是「多看多學多嘗試」，很多人對於和自己不相干的事物都不會主動

去接觸了解，甚至不敢去嘗試，也因為這樣錯失所有機會，但這才是最可惜的事，他的人生哲學就是不斷認識新的事物以及不斷嘗試新的挑戰，這也是如今他能在他所擅長的領域發光發熱的原因。

同時他也呼籲廣大的青年台商能像他一樣勇敢地走出去追逐自己的夢想，不用害怕未知的恐懼，因為到新的地方闖蕩才是勇氣與智慧的體現，而且當今中國大陸的發展空間十分可觀，只要你有充分的準備與合理的規劃，並且堅持實踐自己的夢想，絕對能克服萬難邁向成功，讓未來存在無限可能。

台商一代勇闖中國電商、微商，
從社群微商到輔導百家微商品牌團隊——

專訪微商學院
創辦人　王靖傑

這個時代，每個人都可能成為創業者，而幾乎每個創業者都會經歷困苦、迷茫、失落、坎坷……他們會遭遇資金、市場、團隊、管理各種問題，此刻，他們最希望的是有人能伸手拉他們一把，他們渴望獲得明確的指點和幫助。

創業者最為關心的五個話題——我能創業嗎？初次創業有多難？創業如何絕處逢生？創業如何得到社會支持？創業帶給我什麼？希望自己的經歷可以恰當的解答創業者的一些困惑，相信有更多青年創業者能夠從中擷取精華，少走彎路，從而湧現出更多的臺灣創業青年。

這位創業者如何在沒有資源、沒有背景、沒有關係、沒有資金的情況下，一個臺灣人獨立創業，闖出自己的一片天？

1997年香港回歸，19歲的王靖傑剛成為臺灣中原大學會計學系的學生，沒有名門背景和學歷光環，他怎麼也沒想到，日後他會踏上創業道路，並成為倚靠知識獲得創業機會的 "知本家" ！

差異性就是競爭力

王靖傑（互聯網上人稱傑哥）座右銘：**會溝通讓營銷更簡單！**

第一位來自臺灣結合網路行銷實務＋溝通表達技巧的自媒體講師，幫助微商以及想在互聯網創業者透過溝

通快速建立信任感,進而提高成交率與回購率!

　　結合臺灣知名連鎖企業管理經驗,從事有關品牌網路行銷的運作、策劃、顧問與微商微營銷培訓,目前協助百家轉型微商企業與品牌團隊培訓,深度擔任營銷顧問的角色。

　　主張〈快樂學習〉立志做一個正面幽默,具有啟發性的老師……在互聯網的社交平臺以及線下實體講座教學,透過活潑有趣的互動教學方式,深入淺出的讓每一位學員學習到可以舉一反三的微商微營銷經營方式!

『明天』团队首席讲师: 王靖杰

· 文字极客社群联合发起人
· "每日一句学营销" 单元创始人
· 心动力学院魅力表达专任讲师
  (沟通表达演讲技巧)
· 曾操作国外代购项目、以及台湾知名
  化妆品护肤品推广
· 目前线上专注于知名品牌专任培训讲
  师与顾问角色
· 现任普克拉『明天』团队微营销首席
  讲师
· 『明天』团队联合发起人

專注才會專業

王靖傑，臺灣臺北人，海外代購與微商經營時期團隊月營業額超過1000萬人民幣，代理產品超過500種商品，微商管理團隊代理一萬多人。1980年代中國大陸改革開放，由於中國大陸人力物資低廉，不少臺灣商人來到中國大陸發展：三十年前的第一代台商以製造業硬實力進軍中國大陸市場；十年前，臺灣人再以服務業軟實力征服攻佔中國大陸市場；如今，最新一代的臺灣創業家則透過網際網路，為他們帶來前所未有的電子商務發展。

而王靖傑就是在微商蓬勃發展時期，互聯網＋的新時代風口，當移動互聯網降低了創業成本，萬眾創新的時代到來，專注培訓微商、移動電商如何經營品牌與產品、團隊管理、社群運營，透過公司化、系統化、平臺化運作，實現微商的移動電商轉型。

王靖傑在訪談中提到，很多人問：＂創業問題的難度在那兒？＂就是想摸著石頭過河都不知道石頭在哪裡，怎麼辦呢？讀書是一回事，看書是一回事，上MBA班、上創業班去學習又是一回事，但最好的是有一個導師在邊上幫助你、輔導你，關鍵的時候給你一點經驗。你困難的時候給你鼓勵，撐不下去的時候能給你打氣，這個會起到非常大的推動作用，甚至能夠在生死關頭改變你的命運。

2016.06.18 北京线下分享

　　受訪者把個人經歷與教學興趣結合，專注在微商領域的營銷培訓，統計個人授課目標與紀錄（包含線上＋線下培訓）：2015年9月底已經完成年初所訂的挑戰100場線上線下培訓以及5萬人次的培訓目標。最終2015年達成176場82250人次培訓目標。

　　2016年目標挑戰500場250000人次培訓新目標！到6月底已經達成360場超過18萬的培訓人次，數字還在增加當中……到底他是如何做到的？

早期磨練業務與連鎖體系管理為創業奠基

　　早期在臺灣在校求學期間有感於理論與實務並重的必要，王靖傑時常利用課餘時間參與社團活動，在高中

時期擔任慈幼社社長，以及中原大學系學會擔任公關組長以及大學學生會議員，學習與人溝通協調合作，所獲得的成長更是十分珍貴。利用機會到各個不同類型的公司行號工讀，增加社會歷練，並訓練自己獨立自強的性格。

進入職場第一份工作就挑戰業務，保誠人壽磨練業務經驗成為教育訓練講師，並能夠獨當一面地處理業務銷售和突發客訴事件，訓練人才達成客戶需求、公司業績目標。而在王品集團連鎖餐飲擔任策劃運營管理，累積許多關於專案管理執行、人事管理以及餐飲店鋪承租與營運現場制定標準化等等專業知識。

進入職場後有感於管理經驗不足，在瑞士管理學院在職進修，與知名公司的CEO與總經理面對面討論各項公司營運管理的議題，對於上位者的格局與思考模式有更進一步的瞭解與體認，對會計數字的觀念除了在工作之後養成記帳的習慣，透過財務管理以及運用數字分析理性管理工作相關事務。

進入大陸的契機與歷練

之後有幸被推薦到COCO億可國際飲食（股）擔任營運經理，有系統的培訓員工強化企業的人才資本、規劃、執行、追蹤所有訓練課程，協助薪酬考勤作業。加上到包括上海、港澳參與人員訓練與加盟店拓展，第一

次進入大陸市場磨練適應不同地區同事做事方式，種種跨產業跨平臺經歷，並將此經歷帶入特力集團北京分公司，達成年度營運計劃、賣場營運管理、銷售服務管理、人員培育管理。王靖傑不諱言地說到：服務客戶，讓客戶滿意與持續信任是自己的成就感，也是持續參與連鎖零售服務業的動力來源。

創業是偶然也是必然

在一次偶然聚會當中，與廣東惠州蘋果發藝.發藝城髮型連鎖經營者接觸，有機會來到廣東省發展，第一次進入陸資企業擔任20家連鎖髮廊的運營總監，協助分店加盟拓展與管理，因緣際會與兩位臺灣美髮界的前輩，溝通到大陸的美髮師在與顧客溝通上的障礙，無法呈現自身價值與呈現專業形象，在不經意種下的種子，逐漸發芽，已此契機合作創立心動力學院，進一步轉型成為美髮溝通培訓講師，培訓美髮師學習顧問式銷售流程，幫助合作的美髮師提昇20%-50%的客單價與個人營業額。正式走上創業的路！

這個鼓勵讓當時教溝通表達的王靖傑信心大增，於是將之前業務經歷以及溝通語言經驗，以及學習方向，編撰成教學構想，創立了很多有趣的道具，以及訓練上臺自信心的方法，希望可以跟學員教學相長，提供學員正確的學習方向。有一個學員跟我說："老師你教的活

與台灣兩位美髮界培訓大哥一起創業　　2015.10.22 广州番禺职业学校分享自信溝通
演講課程

潑有趣，其實很適合有需要現場演講表達以及需要銷售
溝通的人學習，要不要把課程名稱調整一下？”王靖傑
當時笑笑的說：“好呀！這個建議很棒！”

　　因為這位學員當時的建議，把培訓的受眾擴大到不
同的族群，開始分享給不同的人生階段的各種職業，每
個人都需要〈自信、說話、表達〉，王靖傑透過不同的
語言學習技巧與教材，能夠讓人調整修正成為更好的自
己，成為魅力表達專任講師，培訓溝通演講技巧！幫助
學員克服上臺的恐懼盡情表現自己，展現自信魅力！

大陸經營環境的變化非常快速，創業團隊在組織或是管理上如何因應？

　　有一位創業的長者曾經說到，他會花50%的時間與
周圍人溝通。當時靖傑反思最多用10%-20%的時間與團

隊的成員溝通。後來慢慢嘗試線上上花更多的時間去跟團隊、朋友、合夥人溝通，讓大家集體的智慧在溝通制定戰略時發揮作用。

通過溝通，王靖傑發覺只有真正的集體創業機制，才能成為整合資源的源頭。

採訪當中王靖傑也引述了英國作家蕭伯納說過一段話："如果您有一個蘋果，我有一個蘋果，彼此交換，每個人手中還是只有一個蘋果。可是如果你有一種思想，我有一種思想，那麼我們交換之後，每個人都將分別擁有兩種思想"。在彼此的交流當中，思想的力量會急遽地放大，它也會催生出更多、更美的創業之花。

過去專案整體的表現如何？您對於今、明兩年的展望如何？策略上的發展重點是什麼？對未來市場拓展的目標？
創立營銷社群吸引創業人才共同創業

在互聯網就是一個思想碰撞的園地，一群有創業想法，在創業路上的大陸青年們90後，靖傑與大家在互聯網上每天討論行銷與商業模式，萌發了落地生根的想法，一起創立的文字極客社群，成立學習營銷的社群園地！大家一起討論項目整合資源一起創業。看到當時海外代購市場機會龐大，使用微信的人越來越多！開始有人在微信發廣告銷售各種產品，社群夥伴決定一起透過

社群力量宣傳，成立各種功能微信群，運作海外代購各國產品進口銷售。

根據統計，微商不到2000萬人口，卻能創造一年¥600億的業績！截至2015年第三季，中國大陸活躍移動設備數量已達到10.8億，電商的交易額已占社會消費品零售總額的10%，就每年最盛大的雙11活動來看，天貓移動端成交量占68.7%，京東移動端也占了74%，中國大陸已明顯進入移動電商時代。而隨著微信的普及帶動微電商的發展，也出現了一種所謂多級分銷、三級分傭的"微信分銷"模式，透過微信強大的朋友圈串連，在微信公眾號或微信朋友圈中銷售商品。

而王靖傑正是微商運營中的佼佼者之一，有了海外代購運作經驗，代理產品超過500種商品，後期合作經營知名微商品牌，月營業額超過1000萬人民幣，旗下管理團隊的代理人數達到上萬人之多。

互聯網："站在風口上，豬都能飛"。

互聯網流行一句話："站在風口上，豬都能飛"。問題是：風來了，豬在哪裡？

"這是最好的時代，也是最壞的時代；這是智慧的時代，也是愚蠢的時代；這是篤信的時代，也是疑慮的時代；這是光明的季節，也是黑暗的季節；這是希望的春天，也是絕望的冬天；我們什麼都有，也什麼都沒

有；我們全都會上天堂，也全都會下地獄。"英國人狄更斯在〈雙城記〉中用這樣一段話來感受法國大革命所帶來的未知可能性。王靖傑認為這句話用在當今的大陸經濟領域也是在適合不過了。一方面是企業成本升高，實體經濟委靡；一方面是移動互聯網風起雲湧，大數據、物聯網、社群經濟、網紅效應隨處可見！一切都是不確定，但是機會就在這裡，關鍵是如何抓住……

截至2014年6月，大陸網民規模達到6.32億，而其中手機網民已達到5.27億，手機網民已經超過PC端成為全民移動互聯網時代。

微商的繁榮代表人是已經成為新的交易入口

王靖傑說：微信行銷越來越火了，早些時候做微信行銷的都已經發了家致了富，現在越來越多的企業和個人都想借助微信行銷，實現財富增長。

這裏不得不提到一個"交易入口"的概念，在互聯網電子商務的初期，網站相對較少，上網的人群也相對較少，於是誰能獲取更多的用戶流量，誰就能獲得更多訂單，所以流量就是互聯網電子商務早期的交易入口。為此有很多團隊的創業商業模式就是如何倒賣流量。隨著電商時代的崛起，能夠提供商品線上銷售的網站越來越多，線上購物的人群也急速增長，於是價格就成了那個時代獲取訂單的殺手鐧，也就是那個時代的交易

2016.05.17微商团队線下分享

入口。當人民的消費水準提升，商品資訊更是以爆炸形態，以各種形式的廣告呈現在我們身邊。誰能幫人們篩選出最值得消費的標的，誰就能獲取更多訂單。而這個前提是要人們對他擁有充分的瞭解和信賴。因此一批大V，KOL（核心意見領袖）批量湧現，網紅便是其中的主力人群。因此，網紅不是明星偶像，他們是這個時代最有價值的交易入口。王靖傑說：就像微商團隊的業績不是一個人創造出來的，需要團隊合作！互相信任，尋求共識，服務顧客，共同努力而來！

粉絲效應，是微商成功的必備前提

其實呈現在大家面前的是一個人，很多網紅身後都有專業的團隊操作，通過團隊的打造能更好的做好網紅的傳播，吸引更多的粉絲，形成粉絲經濟，從而在網紅的市場中分得一杯羹。用淘寶平臺來舉例，許多網紅都有大量粉絲，而這些粉絲會因為網紅們本身的服裝搭配

的時尚品味而選擇購買推薦的商品。

據粗略統計，一個普通網紅經營的網店中爆款商品在一天內可以賣出5000件。若每一件成本30-40元，加上運費成本總體價格50元，一件商品賣100-200元，那麼每天可以成交25萬元。另外，有很多人是買搭配款，會有連帶效應，所以網紅通常可以賺的更多。但這些成果並不是由網紅本人一人獨享，而是由打造網紅個人品牌的策劃包裝團隊，傳播網紅品牌並與粉絲互動的粉絲維護團隊，以及將網紅品牌與電商等變現平臺對接並產生收入的變現團隊共同分享。

危機就是轉機

做微商其實也不難，但是做微商的人太多了，新手想脫穎而出實現利潤也不是一件容易的事，那麼作為微商新手如何做才能不被踢出局。靖傑看到很多微商開始進入迷茫期，不知所措，不懂經營自己，只知道在朋友圈亂發廣告，死路一條！

有痛點就有需求，靖傑偶然與微商朋友們聊到這樣的狀況，談到自己的經營微商帶領團隊的方式方法，朋友大多表示收穫良多，回去後就想邀請到對方品牌團隊內部講課，也因此開始了培訓微商微營銷之路。

王靖傑在訪談中說：自己從一開始做培訓的時候都是朋友邀約，還有一些微商團隊看到在個人的公眾號的

文章分享內容，以及自己在百度搜索、微博搜索、貼吧論壇等等社交平臺的分享越來越多，因為王靖傑的授課方式重視互動性，透過實際案例幽默有趣的分享方式多方深獲好評，學員之前口碑傳播，因而吸引更多的微商品牌團隊的邀約，王靖傑表示，因為也樂於分享自己的微商經營經驗以及總結有效可以實際運用的方法，此時王靖傑已經是專注在微商微營銷的培訓講師，2016年開始每天晚上至少線上培訓2-4個小時，不同的團隊，邀約不斷，線下透過新品發布會、年會會議形式的培訓與各地區的微商協會邀約也如火如荼展開！

2016.05.01中山微商协会线下授课

　　人生的際遇，遇上對的人真的很重要。王靖傑的高中同學溫溫是聯合報UDNTV大而話之的製作人，主要內容是介紹大陸的名俗風情，分享創業經濟相關的談話類節目，溫溫因為看到同學王靖傑Facebook以及微信上面的微商經歷與行銷分享，「同學，最近在大陸做的很好歐！事業之外，也當微商講師教課！你在大陸的經歷可以分享出來，安排你上節目分享吧！」王靖傑：好呀！因為這機會讓王靖傑走上螢光幕，讓很多失聯同學、過去的同事主管、學長姐找到"王靖傑"之外，更讓常常對靖傑獨自在大陸表現說：「還好、還可以」的媽媽，熬夜守在電視看節目重播的同時，讓靖傑看到對自己不曾有「眼神有光芒嘴角微笑」那內斂驕傲的樣子，透過一個眼神嘴角，雖然長輩沒有講出口，但是一切盡在不言中，靖傑知道媽媽很感動，有驕傲！

王靖傑參加臺灣聯合報UDNTV大而話之節目

也因為這個節目的播出，人類智庫出版社的桂董事長特助Vincent，透過QQ找到王靖傑，邀請出有關微商經營的書籍！目前正在溝通編輯當中！

這一切可以說是機緣，也可以說是王靖傑抓住了每一次的轉變與機會，而遇到901兩岸青創聯盟召集人陳怡廷又是一個微商學院成立的契機！……

您對於今、明兩年的展望如何？策略上的發展重點是什麼？對未來市場拓展的目標？

王靖傑引述了"邏輯思維"創始人羅振宇：未來交易入口應該是知識，而不是流量！表示自己也是親身印證這句話！做為微商知識的傳播者，知識將成為未來交易入口，個人化品牌魅力成關鍵，在以往交易能力的稀缺和議價能力的稀缺的時代，流量和價格很容易成為交易入口，這也是電商火熱的原因所在。但是隨著時代進步和發展，"人格"開始成為新一代交易入口。

"一個清晰完整的人格能成為整合行銷的入口。"王靖傑說。這一說法也體現在網路紅人和自媒體大咖的現象當中。越來越多的網紅和自媒體湧出，受到眾多粉絲的追捧，自媒體和網紅們從產生內容到吸金，靠的就是粉絲的關注、跟隨和擁戴，"人格化"就是核心。

王靖傑甚至斷言，未來賣某個產品的人，一定是有某個相關專業的人或是有專長的人，掌握知識才能產生

在"邏輯思維"創始人羅振宇
的廣州羅友會現場分享

交易！直到知識已經普及，以及運用微商對人格的經營運作模式，運用在自己個人或是企業的經營上，更具特色與性格！也更符合未來的消費主力——90後的消費習慣與偏好！

王靖傑很認同羅胖說的未來的交易入口是知識，確實很多人不是缺乏消費意願和能力，而是缺少知識。這個知識也許是經驗、也許是見識、也許是對這個世界多樣化的認識程度。就像當初的電商，很多人並未進入微商市場是因為不了解微商的經營方式，如何打造自己的價值，如何呈現自己的專業，獲得朋友圈朋友的認同，如何透過互聯網平臺達成銷售，因為不了解所以不敢投入！

假如認為微商只是一群人一直在朋友圈發廣告，各種騷擾群發信息，早期微商被扣上了朋友圈惡意營銷的

帽子。以這樣的想法來解釋微商,是輕率而狹隘的!微信行銷是網路經濟時代企業行銷模式的一種,簡單的說就是利用微信進行推廣銷售。

相對傳統電商的以商品為中心,微商則是以人為中心。互聯網是社交的時代,人與人的關係才是最核心的東西,增加客源,確定信任關係顯得尤為重要。

其次是怎麼吸引客戶,在這個不缺乏物質的年代,如何讓自己的產品脫穎而出,在這靠的產品的附加價值,在增加產品的附加價值之前你必須要確定產品本身就是優秀的產品。

前面已經說過了,微商是以人為中心的行銷,你要擁有很多粉絲,只有有了客戶才能吸引客戶。吸粉很簡單,但是吸來的粉品質有待商榷。

隨著網路自媒體的迅速發展,越來越多的網路紅人出現在大眾面前。很多著名網紅都很有才華,是視頻節目或網路段子的高產者,附和時下年輕人的精神需求,借助視頻和音頻,以及圖文傳播平臺的優勢資源,在短時間內將自己打造成全民關注的網路紅人。他們不是偶像,因為相比偶像,他們沒有偶像包袱,但他們的號召力和親和度卻遠遠勝過偶像。

王靖傑總結:你,就是媒體!從網路、社群、自媒體、口碑行銷等經營技巧,創造新商機!這就是打造個人自媒體與企業社群的經營成功術!

後記：

現任：

知名微商品牌微行銷講師與行銷顧問；

臺灣聯合報電視臺UDNTV大而話之節目特約來賓；

"每日一句學行銷"單元創始人；

文字極客社群聯合發起人；

穀族集團聯合發起人與運營總監；

臺灣人類智庫出版集團簽約作家；

901兩岸青創聯盟微商學院院長；

無限空間創業孵化微商學院院長。

王靖傑在互聯網線上線下是從事有關品牌網路行銷的運作、策劃、顧問與微商微行銷培訓，目前有協助近百家個品牌的微商團隊培訓，例如目前比較知名的：TST、思埠夢之隊、淨顏梅冠軍團隊、思曼瑞SM、韓束團隊、蝸蝸、翡璣、優源、瑰拉、醫采、芫美揚帆聯盟、英樹、臺灣姮好、卡迪娜面膜、微商協會、普克拉、36人明天團隊、千研堂、一直美、知性美、玊坊、上海凰鼎、偶買咖微商平臺、米麗家族、多美團隊、女王團隊、大周商貿弘毅堂、花語之戀團隊、得力源、O&S謬斯家族瘦身咖啡、SIRRAH天使團隊、呀麥苗、香港德國皇蔻、蒂拉、蜜卡絲惠玲團隊、朗悅團隊、夢

魔、妙韻、廣州壹展儷闔貿易——洛蔻兒品牌、LS白玉、補佗阿膠糕、馬來西亞Season Love、德瑞思牛樟芝、哆咪購代購平臺、名媛匯、玥姬、百臻堂、小鹿家沃果邦、Yoki夢想家團隊、梵睫斐、Gemsho睫毛增長液、壹諾國際—阿育王、詩黛貿易-茉茉女性洗衣液、佳寶服飾、韓東國際、戴小諾女神團、Jelly Toy Boy、Gentlemonster、Misskeke蜜思可哥、面膜We+商盟會、萬芙貿易—奧利安東、棒女郎、女神泡泡、花聚內衣、Miss Zhang、MamaKiss、補水皇后、同仁堂、曲諾團隊、吉瑞夫、皇庭美人、香港Sarah薩拉、冰神面膜、Tiffany、芭瑞雅、克妮莉婭、花婷雨、他她褲、薇詩泉、去痘美少女聯盟、HoHo等……長期培訓之外也深入合作擔任行銷顧問的角色，協助多家品牌微商管理萬人團隊，打造培訓體系微商學院！

台商二代打造
創業夢工廠──

901兩岸青創聯盟
召集人 陳怡廷

【撰寫人：侯俐瑄】

九名「東莞台商二代」利用個人自身經歷和資源自創投資公司，發起於東莞台商大廈九樓一號，又稱「901」，公司成立不到兩年的時間，已在業界非常活躍，成功引起各界的注意。

901兩岸青創聯盟

蟻巢孵化器運營團隊

　　最初的發起人，陳怡廷，典型的東莞台商二代背景，卻不安逸於穩定的接班生涯，選擇創業這條相對艱辛的路。陳怡廷長期專注於兩岸創業團隊孵化，整合兩岸資源，創建平臺，提供良好的孵化器和加速器，成立近一年時間已對接6個專案，共獲得1200萬人民幣的天使資金；同時聯合合夥人打造第一個創業孵化器，孵化器入駐團隊已達50支以上；短短一年時間，他在兩岸青年創業界已有一定的地位。

　　陳怡廷表示，901成立緣由是，身為台商們的父輩在這裏發展久了，資源豐富，每個成功的台商，在產業中扮演脫穎而出的佼佼者，背後代表著一間甚至數間成功的公

司，因此他不斷思考如何整合眾人的資源，創建平臺，為
更多人創造利基和提供發展。「創業它不是一種固定的
模式，不能複製黏貼，所以創業過程中難免會有意想不
到的曲折和坎坷。但在我放棄繼承父業的那條平坦大道
起，我就做好信心和準備，為成功孵化成就創業團隊，
和對父輩資源的整合，我會堅持不懈地走下去。」

「901」是個結合創新、創意、創業、創投、眾
籌、市場推廣與展覽及資本運作的綜合平臺，團隊有來
自律師、會計師、稅務師、廣告媒體、物流、房地產、
文化傳播、展覽策劃與電子商務的運營管理人才，並與
各地台商協會、臺灣電電公會、育山科技協會等兩岸有
影響力的主流社團串聯和對接優勢資源，協助平臺成員
在大陸開展業務。「我們期許把901營造成一個年輕人
創業的夢工廠，把好的創意變成好的生意。」另外，
「901」也獲得各銀行、證券、投資、金融公司的關注
支持。

九個臺灣年輕人背景不同，各有人脈、資源和強
項，分屬於不同產業，有人是會計師、有人是貿易商，
唯一的共同點是他們皆為「東莞台商二代」，他們不斷
思考如何整合眾人的資源，創建平臺，為更多人創造利
基和提供發展。「我們期許把901營造成一個年輕人創
業的夢工廠，把好的創意變成好的生意。」東莞901青
創聯盟一出現就被視為創業的「夢工廠」。

245

2015.6.12 錦州市台辦 邵主任來訪

　　陳怡廷表示，整合兩岸企業家的資源，創建平臺，為兩岸年輕人創造利基和提供發展，是901的終極目標。「其實這就是眾籌的概念，一群有共同理念的投資人完成項目，簡單來說就是資源整合。」目前901除結合每位成員的優勢資源，還引進「微辦公」理念，聯盟了各地孵化器，截止目前為止，已對接全國近20个孵化器。讓有需要短期專案執行或臨時辦公室的業者，隨時上陣辦公，開展業務。

善用團隊資源，克服外界疑慮

　　然而，一切也並非十分順遂，在成立初期，外界並不看好這樣的創業項目，甚至無法得到父輩的支持。陳

怡廷表示，「眾籌項目在當今社會剛起步，很多人對這個項目不熟悉，甚至不看好。很多人認為我的想法就只會在空中飛，無法落地，因此我需要用足夠時間和精力去為合作商證明項目的獲利之處。」他也提到許多台商二代的共同困難，就是無法得到長輩的理解，但他並不因此氣餒，反而更加地堅持，直到如今，得到父親的肯定。「父輩們與投資者基本上都是處於舊時代的思想，對互聯網不是很瞭解，有時在一些項目上的看法和以及溝通上存在很大的分歧，甚至有些項目遭到不支持的態度。」

陳怡廷指出，目前公司同時與北美、臺灣、香港與深圳等各地的玉山科技協會合作，不定期邀請兩岸創業有成的前輩，組成創業導師團與天使投資群，為大家提供創業協助。在創業孵化器方面，901和深圳市育山科技協會開展創業合作，讓被看中的企業，直接進入孵化

901兩岸青創聯盟虛擬孵化器 對接大陸各地孵化器

北京創業公社（多個場地）
北京遇見科技孵化器
上海兩岸青年協同創業基地
上海朱墨MEWE眾創空間
冀州蘇大天宮
冀州蒲公英孵化器
昆山瑱客中國眾創空間
德陽市海峽兩岸青年創業園
廈門一品威客
天津市眾創空間（創業公社）
南京市眾創碼頭（臺灣亞克管理顧）
廣州市勐邸石孵化器
廣州市華南農業大學

東莞巨菜兩岸青創園
東莞美域弈投孵化器
東莞常平愛創社區
東莞厚街兩岸青年創業中心（舊定）
福州偶空間臺灣俠鳥工作站（多個場地）
平潭紅石孵化器
瀋陽市中國裝備製造工業設計中心
錦州市兩岸青創園區
撫順市新城雙創孵化基地
青島海爾雲街（創業公社）
哈爾濱東嗽萊眾創空間（創業公社）
南昌大學匯智創客空間
臺灣睿踐精英共創基地（北中南基地）

器加速育成，同時讓項目快速取得所需資金。「對於困難的克服我想由我一人那是辦不到的，那麼我就需要有一批專業的團隊來為901操作，比如我們有專業的推廣運營團隊，如微商學院、維眾傳媒、亞堅科技，專業的IT團隊，如旭海科技；在創業團隊孵化方面901與東莞本地的螞蟻創業俱樂部達成合作，共同為創業者搭建更多的創業機會；在創業指導上我們擁有深圳育山科技協會的輔導；因此我堅信通過專業的技術團隊一定才能夠達到資源對接的有益效果。」

傳統二代背景，背負家業「繼承並發揚」

談起陳怡廷的背景，父輩在東莞發展20多年，從事農業，以種植景觀樹、盆景為主，經營狀況穩定成長。陳怡廷和許多台商二代一樣，經歷打工、創業的歷程，

2015.8.8
蟻巢孵化器開幕典禮

背負「繼承並發揚」的責任,他說,擔子雖重,但在創業中學習成長,尤其是大陸快速變遷的社會,強迫自己快速適應環境,並可對外界做出立即反應。

「大眾創新,萬眾創業」,陳怡廷認為,年輕創業者是城市未來的希望,青年台商更是台商的繼承和發揚者,901兩岸青創聯盟,就是東莞和臺灣創業的種子,它能完善創意,且能實現市場化運作,進行眾籌並創業。

陳怡廷表示,依據董事的想法,901的經營領域應該分成四部分:一是傳統產業區塊,除了東莞擅長的生產製造,還包含載體、銷售;二是進入電商等管道,讓產品大量曝光,同時快速對接消費者,獲得消費的大數據;三是創業板區塊,成為臺灣和東莞兩地年輕人創業的平臺,人力資源的整合體;四是眾籌,打破原有的商業壁壘,從市場直接獲得企業發展資金,並為企業下一步發展打好基礎。

電商方面,與微商大咖合作,成立微型電商學院,召集數位成功的電商擔任講師,規劃一套課程,邀請對線上商城有興趣的人參加,從初期設立到產品行銷,教大家如何做成功的電商。在創業方面,901和東莞創業平臺螞蟻俱樂部合作,以創業咖啡形式出現,同時有自己的孵化器,和微形辦公室;在眾籌方面,901作為創業平臺,發展出股權眾籌,使初創企業獲得第一輪天使資金,用產品類眾籌,讓民眾瞭解產品,也使產品可以在

市場預熱，再行募資；在新媒體方面，成立維眾傳媒公司，託管企業微信公眾號，為自媒體提供微信公眾號管理功能的微信第三方平臺,同時具有內容一站編寫多平臺發佈、一鍵建設微網站、基於社交帳號的高級互動應用。

分析團隊問題，分享創業經驗

許多人都知道大陸經營環境的變化非常快速，針對這點，陳怡廷也有自己的獨到見解。「創業團隊初期最害怕的是其創業模式會被人仿效其抄襲，或是在市場的佔有率及獨特性隨著時間優勢不再，也就是所謂的快魚吃慢魚的說法。」

他進一步分析創業團隊初期面臨到的幾個問題是：

1、商業模式是否能獲利尚未確定，無法馬上吸引到資金

2、初期資金缺乏，人事成本占支出大多數百分比。因此團隊往往 "小而精" 一人身兼多職。

並提出具體方法如下：

1、組織平面化：初期討論事情應全體討論，各部門工作進度及困難互相間監督，確保工作效率及完成時間

2、尊重專業客觀決策：避免情緒化的討論，管理者盡可能客觀依據第三方資料及資料，平衡雙方矛盾，決定公司業務前進方向

3、維持團隊氣氛：創業初期，人人抱著同樣的理想及同樣的目標出發，管理者應從這點考量維持團隊間工作愉快之氣氛，定期鼓勵團隊，凝聚團隊向心力。達成全體一心前進的目標。

4、管理標準化：參考各大公司組織架構及典章制度，選擇適合自身團隊建立標準。從工作績效到組織架構決策層級，應盡量能在創業同時慢慢建立客觀標準，以免造成決策前後不一，工作秩序混亂

在轉型升級號角中，東莞興起許多「創新中心」，有的將舊工廠廠房改裝，搖身變成創新中心。但共同面臨的問題是缺乏大量優秀的創新企業團隊，缺乏大量的眾籌和風投專業投資人關注。陳怡廷認為，臺灣有很多很好的創業團隊，不少企業有專利產品，想到大陸登陸創業，901提供了良好平臺；除了提供良好的孵化器和加速器，還能提供東莞和珠三角的在地協助，如稅務、法律、市場調研、招工；而投資資金也能借901找到好的企業投資。此外，如互聯網企業、服務業如產品類企業，都能在這裡找到幫手。

一個產品能經過平臺，取得大數據，與珠三角企業強強聯手，才能真正走出東莞，甚至走出中國大陸，成為世界級企業。陳怡廷舉例，在901孵化的企業，眾籌平臺上就有相當人數的會員，社群網站平臺上又有大批

2015.7.21 臺灣大學生來訪

會員，透過點擊量，可以匯流，網站估值就可以提升。陳怡廷說，把孵化器加上產業鏈配套，就能聚合成巨大變化，展現東莞的優勢。在東莞政府大力倡導轉型升級，轉型升級與創新創業的今天，首先要加大投入創業中心，這個前期投入不僅投資創業者，更投資東莞的未來性產業，蔚為風潮後，民間資金就能接續湧入。

陳怡廷認為，901平臺的作用在於媒合企業與投資者，聯繫創業需求和創投，陸續舉辦各種創業沙龍，集合台商自己的天使基金，綁定兩岸比賽得獎項目，或以創業設計項目作投資。這不僅是投資平臺的概念，同時也幫台商二代找到更寬廣的出路。

科技部長親臨,眾多領導肯定

2015年12月,全國政協副主席、國家科技部部長萬鋼親臨考察蟻巢兩岸青年創業孵化器,並與陳怡廷等眾多臺灣創業青年交流。萬鋼走近一個個創業團隊,與他們親切交談,詳細瞭解他們的創業情況,並觀看了臺灣青年創業者現場舉辦的自拍機器人專案路演。

「這是我見過的最精彩的路演!」萬鋼對臺灣創業青年的項目十分讚賞。他表示,「螞蟻雖看似渺小,實則偉大,能搬動大山。螞蟻又是聰明的,能準確判斷市場需求,希望在蟻王的帶領下,集聚更多臺灣和大陸的創業青年,為創新增加新的力量。」精準地剖析901及

2015.12.11 中國大陸科技部萬鋼部長蒞臨蟻巢

蟻巢的優勢，並肯定他們的努力成果。

兩岸未來趨勢，善用臺灣優勢

　　他認為目前臺灣青年普遍面對薪資成長緩慢以及市場規模有限之問題，但擁有的是結合多文化的創新及創意，因此如何導引臺灣獨有的創意文化產業進入大陸，與大陸青年相學相長，相信是兩岸近年來重要的課題。

　　他以901所在之東莞舉例，「二十多年來，東莞市充分把握承接港澳臺產業轉移的先機，大規模地承接國際產業轉移，創造了世人矚目的"東莞奇跡"。第二產業多年來在有"世界工廠"之稱的東莞的產業結構中佔據主導地位。隨著大陸成長進步快速，近年來轉型升級

2015.8.15 廣東省台辦肖南處長蒞臨蟻巢

成為了東莞的核心命題，東莞有著台商創業的歷史和產業基礎。值此產業全面轉型升級之際，東莞台商並且積極謀求薪火相傳、產業創新和可持續性發展。因此901資源整合平臺正是以此作為工作的核心點，積極推動東莞台商創業青年與大陸創業青年展開各方面交流合作，努力做到共贏、共發展的局面。」

　　隨著兩岸的交流越來越頻繁，開放對臺灣自由行的城市名單日漸增加，代表的是兩岸基層人民互進一步的相互瞭解，因此期望的是兩岸能有更多以政府力量推動的兩岸基層及青年創業交流。陳怡廷建議臺灣的年輕創

2015.5.30 舉辦東莞好專案路演大賽

業家可以先借助大陸的創業平臺，入駐像901青創聯盟的微辦公，合理利用創業資源，參加創業比賽活動，提高創業團隊的知名度，充分利用大陸對創業團隊的支持資源。

　　東莞素有「天下第一臺協」的稱號，是全國台商最多的地方，陳怡廷認為在東莞能夠對接更多的兩岸創業青年，與台商協會展開緊密配合的各項工作，對於今後的發展，陳怡廷也希望把901的模式在全國各地進行複製黏貼，讓更多的創業團隊能夠孵化成功，為青年創業謀求更大、更廣闊的空間。

2015.9.21 華南理工大學組織學生參訪901

國台辦張志軍主任授牌
901兩岸青創聯盟
海峽兩岸青年就業創業示範點

開普酒業

東莞市開普酒業貿易有限公司於2002年在東莞註冊成立。是一間以葡萄酒產品為主的進口貿易有限公司。是法國葡萄酒 南非葡萄酒進口的一級代理商東莞市開普酒業貿易有限公司，保護主義堅持以"信譽至上，客戶第一"的經營原則。

JUST2YOU

企业　私人定制

🐦 獵海人

走出去創業
——台灣青年在中國大陸的創業故事

作　　者	深圳市育山科技協會
主　　編	林琦翔
出版策劃	獵海人
製作發行	獵海人
	114 台北市內湖區瑞光路76巷69號2樓
	電話：+886-2-2518-0207
	傳真：+886-2-2518-0778
	服務信箱：s.seahunter@gmail.com
展售門市	國家書店【松江門市】
	10485 台北市中山區松江路209號1樓
	電話：+886-2-2518-0207
	三民書局【復北門市】
	10476 台北市復興北路386號
	電話：+886-2-2500-6600
	三民書局【重南門市】
	10045 台北市重慶南路一段61號
	電話：+886-2-2361-7511
網路訂購	博客來網路書店：http://www.books.com.tw
	三民網路書店：http://www.m.sanmin.com.tw
	金石堂網路書店：http://www.kingstone.com.tw
	學思行網路書店：http://www.taaze.tw
法律顧問	毛國樑　律師

出版日期：2016年09月
定　　價：400元

國家圖書館出版品預行編目

走出去創業：臺灣青年在中國大陸的創業故事 / 深圳市育
山科技協會作. -- 臺北市：獵海人, 2016.09
　　面；　公分
　ISBN 978-986-93372-0-5(平裝)

　1. 創業　2. 個案研究

494.1　　　　　　　　　　　　　　　105012780